最適観測系理論

増補改訂版

元航空宇宙技術研究所 主任研究官
木村 武雄 著

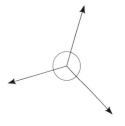

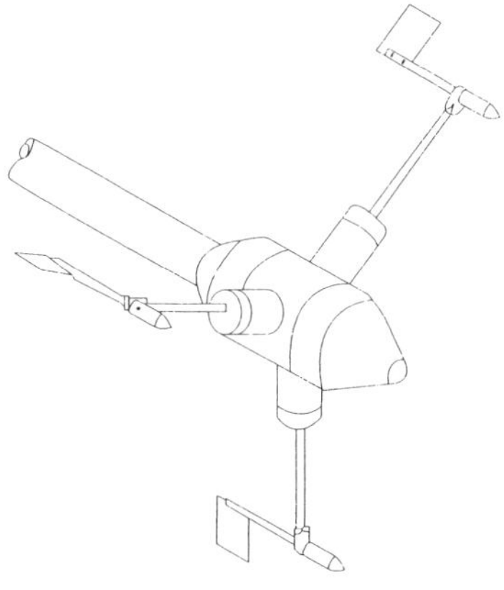

光陽出版社

もくじ

1.　まえがき

理論と名の付くものはいろいろある。なかでも有名なのがアインシュタインの相対性理論と思われる。また、我々日本人にとっては記念碑のような存在である湯川秀樹の中間子理論も忘れてはなるまい。いずれも、物理学の一構成部分である。では、最適観測系理論はいずれに属するか。筆者はこれを、計測工学の一分野と位置付ける。筆者の最終目的は計測工学の理論的体系化にある。この分野の他の理論とともに、それは可能と思われる。

本理論の発想は、アインシュタインの相対性理論の発想と似ているところがある。というより、筆者は彼の発想の影響を多分に受けているのである。そしてその発想法に基づき、一理論の構築に成功した。したがって、彼の発想は、いうまでもなく、きわめて重要である。

観測は、自然科学および社会科学の基礎である。したがって、本理論は社会科学にも相通ずるものがある。ということは、自然科学および社会科学を総括するところの哲学にも関係するということではないだろうか。

本理論の特徴は、「最適」ということと、「系」というところにある。最適ということは数学的には、ある関数を最小もしくは最大にするということであり、制御工学における最適制御理論では、その関数が必要エネルギーを意味したり、所要時間であったり、また、精度を考慮するものであったりする。本理論では、その関数、すなわち評価関数（評価基準ともいう）が精度とコストの複合体である。

この最適ということは実に厄介な代物であり、長年、この分野の研究者を悩ませ続けてきた。しかし実は、観測系の最適性は科学的に明快に定義付けられることを、筆者が初めて発見したので、それを本文および付録Aにて明らかにしよう。この発見はあまりにも計り知れない重要性を持つ。すなわち、従来、直感的あるいは経験的に考えられていた最適性が、理論的に語られるようになったということだ。

次に系であるが、これは、ある一定の目的を持った縦横無尽な観測の総合を意味する。例えば、比較的大きな系としては人工衛星追跡網などがあり、普通の規模の系としては慣性センサシステムなどがある。したがって、そのような観測系を編成するときあるいは構成するとき、本理論により、最適な系を見出すことが容易にできる。物理学の重要な一構成分野である量子力学の観測[1)]に関する問題は、残念ながら、本理論の範疇に入らない。将来は、それも含めた計測工学が必要かもしれない。

こう見てくると、本理論は先に計測工学に属すると述べたが、物理学と数学と工学の間にあることが推察されると思われる。つまり、境界領域の理論である。これは、肯定的に考えるならば、物理学的にも、数学的にも、工学的にも興味ある対象物ということができる。

筆者が本理論の端緒を開いたとき、ほとんど瞬間的に、「最適観測系理論」の成立することを直感した。以来30年間、本理論を構築しつつ、日本および世界の動向を注視していた。しかし、筆者と同一の思想あるいは見地に到達した人は、筆者と独立には、ついぞ現れなかった。もし、そのような人物が現れたなら、彼と協力し、本理論を共同研究するつもりでいたのである。そのほうが、精神的にはるかに楽である。だが、いよいよ一人で仕上げなければならなくなった。

ここで、理論と実験について述べなければならない。量子力学は、ある限定された範囲ではあるが、実験とよく合うので、その出発点は正しいとしなければならない。かたや、数学の一分野であるユークリッド幾何学は、その出発点（公理）が正しそうなので、そこから演繹される結果（定理）は実際によく合うと思われる。本理論はユークリッド幾何学の場合に近い。すなわち、出発点は正しそうなので、そこから得られる結論は正しいと思われるということである。

蛇足ながら、インスピレーションに対する筆者の見解を自らの体験を基に述べさせていただきたい。インスピレーションを得るには、子どものときに自然界をよく観察すること。これは、自然界の摂理を自身あるいは頭脳に入れ込むことを意味する。そして、学生時代に天才たちの発見した真理、法則を、できればその発見の過程とともに学習すること。その上で、長じて突き当たった懸案の問題をできるだけ整理し、自明と思われる前提条件を明らかにし、正しいと信ずるに足る結論を思い描き、前提条件と結論を変幻自在に操作しながら、熟慮に熟慮を重ねること。そうすると、天然のコンピューター、すなわち頭脳は瞬時にして問題の解決を見ると思われる。これがインスピレーションと考えられる。そして、次に重要なことは、知力を傾注し、この瞬時の解決をスローモーションにして明らかにすることである。そうすれば、本人以外の人々にも、そして、ついには万人にも理解できるようになると思われる。

本理論もこのようにしてつくられた。そして、理論的あるいは実験的研究者の理想とすべき学術の新潮流[2)]をつくることができたと考える。読者諸賢の批判を仰ぎたい。

増補改訂版の序

本理論の初版には本質的ではない不注意による誤りが多々あるので、これを改めること、及び難解な所等について説明を加えることを、この増補改訂版の主な目的とする。

分かり易くするため、本文を追加補筆するなど、多少とも書き改めること及び付録という形で補足説明することなどを試みた。

また本理論を理解するため、読者には統計数学の知識を要請せざるを得ない。特に最小二乗法の知識は必須と思われる。また、実験計画法の知識、誤差論の知識、最適制御理論の初歩的知識が有れば理解の助けになると思われる。重要と思われる最小二乗法についてはその一端を、「付録Ｅ一次元量計測」、の一部に又解法の簡単な事例を、「付録Ｆ最小二乗法による解法の簡単な事例」、に示した。なお、重複する所が多いが、理解を助けるため、日本統計学会誌に投稿し審査の後、1971年、掲載された論文「最良の観測系について」を付録Ｇに再録した。

本理論の応用編では、一次元量計測は簡単過ぎること及び、従来の方法でも解析可能なこと等の理由で記述せず、二次元ベクトル量計測の記述から始まっているが、一次元量計測はその一次元、二次元、三次元・・・という順序からも、また基礎的な知識としても重要と思われ、特に、バイアスエラーを考慮すると、従来の方法では解析不能で、本理論の出番であり、高次元と比べて簡単ではあるが、その重要性は増しているものと思われるので付録Ｅに「一次元量計測」を掲載した。場合によると本文の「二次元ベクトル量計測」より、この、付録Ｅ一次元量計測、を先に読むのが良いかもしれない。但し、本理論の執筆の時間的順序は、二次元ベクトル量計測等々が先であり、しかる後に、一次元量計測の重要性に気づき執筆したので、一次元量計測を後で読むのが順当とも思える。これは読者諸賢の判断に任す。

2. 理　論

広辞苑によれば、理論とは、単なる経験や個々の事実に関するバラバラの知識ではなくて、それらを法則的・統一的に理解させるための多少とも整合的な原理的認識の体系である。本理論がその名に恥じないものであることを論述したい。

2.1　理論誕生の背景

本理論の目的、意義を明らかにするために、問題提起の意味で、人工衛星の軌道を決めるための観測系について考えてみる。これは本理論がつくられるきっかけとなった1967年頃の古い話であるが、本質は変わらない。この場合「角度観測方式とドップラー周波数観測方式と、どちらが良い観測方式だろうか」という問題があった。これは観測方式の優劣を問う問題であり、本理論の適用範囲内の問題である。説明を簡単化するためコストは考えないことにし、精度だけを考えることにする。

この問題に対する代表的な答えとして、次のようなものがあった。「角度観測の場合、観測値の有効桁数は現在のところせいぜい４桁から５桁程度、他方、ドップラー周波数観測の場合は楽に８桁から９桁は可能。したがって、その桁数なら、有効桁数の多くとれるドップラー周波数観測方式のほうがはるかに精度が良く、優れている」と。しかし実際には、角度観測方式（有効桁数４桁）とドップラー周波数観測方式（有効桁数８桁）とがほぼ同等であるという事実が経験的に知られるようになった[3),4)]。このことは、直接桁数で議論すると矛盾が生ずることを示している。当時、それ以外の方法でもうまくいくものがなかった。したがって、観測系の評価に関するよりよい方法を確立する必要性があった。

本理論は、以上の状況のなかで考え出された一つの数学的理論であり、上述の観測方式の優劣について答えることができると同時に、観測局や観測器の最適配置等についても明確な解を与えることができる。

2.2 理論の適用範囲

観測系全般が本理論の適用範囲である。実験計画法の実験配置も、この範囲内である。実験配置とは、本理論でいう観測系のことにほかならない。この適用範囲については、厳密に数式で示さなければならない。ここでは、実験計画法にならって使用文字を定めることにしよう[5)]。なぜなら、本理論は実験計画法の理論的拡張の意味を持っているからである。

観測値ベクトルをyとし、未知状態ベクトルをθとするとき、観測の仔細は普通、次のような形で表現される。

$$y = X(\theta) + \varepsilon \tag{1}$$

ここに　ε：誤差ベクトル（正規分布と仮定）

　　　　X：ベクトル値関数

である。上式(1)は観測方程式と呼ばれる。実験計画法の場合は関数Xが線形に限られ、したがって、関数Xは行列表示となるが、その上、その行列Xの要素がディスクリートな値に限定される。例えば、ごく簡単な場合の値は1か0かである（本稿「3.5.2　単皿天秤による場合」＝110ページを参照のこと）。本理論の場合の適用範囲はもっと広く、そのような制限はない。

ここで注意すべきは、同一の未知状態ベクトルθを求めるにも、各観測方法（観測系）に対応していろいろな観測方程式がありうることである。つまり、

$$y_1 = X_1(\theta) + \varepsilon_1 \tag{2}$$

$$y_2 = X_2(\theta) + \varepsilon_2 \tag{3}$$

・・・・・・・

観測値ベクトルy_1、同じく観測値ベクトルy_2、……は相互に単位が違ってもよい。例えば、人工衛星追跡網のように、角度であったり、周波数であったりである。同一であってもちろんよい。さらに、観測値ベクトル、例えばy_1の要素のなかで単位が異なってもよいし、要素すべてが同一の単位でもよい。

ここに、Xは一般に観測系と称される。普通、未知量を表現する文字Xが使われるゆえんは、最適なXを求めるということからで、実は、それが本理論の目的であり、未知状態ベクトルθを求めることが目的ではない。未知状態ベクトルθを求めるための観測系Xこそ本理論の研究対象であり、未知対象である。

なお、未知状態ベクトルθは普通、最尤法または重みを考慮した最小二乗法によって解かれる。関数Xが非線形の場合には遂次近似等の方法によって計算する。未知状態ベクトルθの推定値θの分散共分散行列Σは、関数Xがもし線形なら厳密に、また、たとえ非線形でも近似的に、

$$\Sigma = ({}^t\chi W \chi)^{-1} \tag{4}$$

が成り立つ。この近似は、$\varepsilon \to 0$ とするとき次第に良くなる（なお、上式(4)の${}^t\chi$とは、行列χの転置行列を意味する。以下同様の表記法を用いる)。

ただし、

$$\chi \equiv \frac{\partial X(\theta)}{\partial \theta} \equiv \left\{ \frac{\partial X_i(\theta_1, \theta_2, \cdots \theta_n)}{\partial \theta_j} \right\} \tag{5}$$

i ＝1, 2,・・・p（p は観測値ベクトル個数）

j ＝1, 2,・・・n（n は未知状態量の個数或いは次元数）

$$W \equiv [E(\boldsymbol{\varepsilon}^t \boldsymbol{\varepsilon})]^{-1} \tag{6}$$

と定義する。

E とは、統計数学で言う期待値のことである。また、

$$\boldsymbol{\varepsilon} \cdot {}^t\boldsymbol{\varepsilon} = \begin{bmatrix} \varepsilon_1 \\ \varepsilon_2 \\ \cdot \\ \cdot \\ \varepsilon_p \end{bmatrix} (\varepsilon_1 \ \ \varepsilon_2 \cdot \cdot \varepsilon_p) \tag{6'}$$

$$= \begin{bmatrix} \varepsilon_1^2 & \varepsilon_1\varepsilon_2 & \cdot & \cdot & \varepsilon_1\varepsilon_p \\ \varepsilon_2\varepsilon_1 & \varepsilon_2^2 & \cdot & \cdot & \varepsilon_2\varepsilon_p \\ \cdot & \cdot & \cdot & \cdot & \cdot \\ \cdot & \cdot & \cdot & \cdot & \cdot \\ \varepsilon_p\varepsilon_1 & \varepsilon_p\varepsilon_2 & \cdot & \cdot & \varepsilon_p^2 \end{bmatrix} \tag{6''}$$

である。但し、p は観測値ベクトルの次元数

さて、本理論の適用範囲は観測方程式(1)のように表現されている場合であり、これはきわめて広いといわなければならない。

2.3　観測系の優劣

一般的に考えて、観測系の優劣というものは、観測系を構成する観測器の精度あるいは系全体の精度および値段、そして取り扱いやすさ等を検討対象とするのが普通である。そこで、筆者は次のように結論付ける。精度、値段、取り扱いやすさ等は、系全体の精度とコストの二つの要素に集約できると。ここで精度とは、観測方程式(1)における未知状態ベクトルθの精度のことで、観測値ベクトルyの精度ではない。同様に、コストとは、未知状態ベクトルθを求めるために要する一切の経費のことである。このあたりの事情は、未知状態ベクトルθを求めるための観測系Xの優劣を決する以上当然と思われる。「2.1節　理論誕生の背景」で述べた、観測値yの有効桁での観測系優劣の議論は、この立場からはずれており、的を射ていない。

2.3.1　精度の評価

ここで問題は精度である。未知状態量θがスカラー量である場合の精度は明白である。その分散等を用いればよい。ベクトル量の場合が問題である。従来用いられている評価基準はいろいろある[5)]。例えば、

①$\hat{\theta}$の一般化分散を最小にする。

②$\hat{\theta}_i$, i=1,2,……nの分散の平均を最小にする。

③$\hat{\theta}_i$, i=1,2,……nの分散のうち最大なものを最小にする。

④$\hat{\theta}_i$の標準化された１次結合$\Sigma b_i \hat{\theta}_i$ ($\Sigma b_i^2=1$) の分散の最大値を最小にする。

⑤$\hat{\theta}$の分散・共分散の2次形式を最小にする。

等である。

今、推定値$\hat{\theta}$の分散共分散行列をΣとし、その固有根を$\lambda_1, \lambda_2, \cdots\cdots \lambda_n$とするとき、上記の代表的基準である①、②、③は、

①$\det(\Sigma) = \Pi\lambda_i$を最小にする

②$\mathrm{trace}(\Sigma) = \Sigma\lambda_i$を最小にする

③$\max\lambda_i$を最小にする

ことと同値になる。

従来の重大な問題点は、どの評価基準を用いるかによって答えが違ってくることである（詳しくは付録Cを参照されたい。）。数学の範囲内ではそれでもよい。しかし、物理学的あるいは工学的には、精度が最適の観測系とは一体いかなるものか、ということになる。基準の取り方によって最適の観測系が異なってしまう。それでよいとする人もいる。あるいは、最適のものなど存在しないという人もいる。しかし、筆者は次のような方法で、精度のみを考慮した場合の観測系の最適性を明確に定義付けることに成功した。

ある未知の対象Oのある状態Θについて、何らかの手段を講じて、状態Θを推定する場合を考える。このとき、状態Θの数量的表現は、ただ一通りとは限らない。その一つの表現をθとし、他の一つをθ^*とする。そうすると、両者の間には次のような関係が存在する。ただし、θ, θ^*は一般にベクトル量である。

$$\theta^* = \Phi(\theta) \tag{7}$$

ただし、

$$\frac{\partial\Phi(\theta)}{\partial\theta} \equiv \mathrm{D}, \quad |\mathrm{D}| \neq 0 \tag{8}$$

Φ：ベクトル値関数

つまり、状態Θを表現するのに、θで表現しても、θ^*で表現しても、どちらでもよい。そして、一般にはΦは(8)式を満たす限り任意の関数でよい。

これを具体的な場合にあてはめると、次のようになる。未知対象Oとして空間における点を考える。その点の状態Θとしては点の位置を考える。位置Θの数量的表現としては極座標$(r, \theta, \phi) \equiv \theta$によってもよいし、デカルト座標$(x, y, z) \equiv \theta^*$によってももちろんよい。しかし(7)式のような関係にあることに変わりはない。より具体的には、

$$\begin{pmatrix} x \\ y \\ z \end{pmatrix} = \begin{pmatrix} r\cos\theta\ \cos\phi \\ r\cos\theta\ \sin\phi \\ r\sin\theta \end{pmatrix} \tag{9}$$

と表される。

さて、今、(i) という観測系で、ある対象Oの未知の状態Θに関するデータが収得され、未知状態ベクトルθ（あるいはθ^*）が推定されたとする。観測系 (i) から推定されたという意味を込めて、これを次のように記述する。

$$\hat{\theta}(i)\ \text{（あるいは}\hat{\theta}^*(i)\text{）} \tag{10}$$

このとき観測系 (i)（i=1,2,3……n……）について、精度のみを考慮した場合の優劣を考える。精度の評価は未知状態ベクトルθ（あるいはθ^*）の推定誤差の統計的分布いかんによって測られるべきである。また、それを測るときにはスカラー値の大小によらなければならない。

その推定誤差がもし多次元正規分布$N(\mu,\Sigma)$（あるいは$N(\mu^*,\Sigma^*)$）をとるならば、また、たとえ正規分布をとらなくても、近似的にそのような分布をとると考え、$\mu=0$（あるいは$\mu^*=0$）と仮定し、次のような関数によって評価されるべきである。

$$f(\Sigma) \qquad (\text{あるいは} f(\Sigma^*)) \tag{11}$$

ここにfはスカラー値関数である。

関数fは任意の関数でよいとは、無論、いえない。何らかの意味で精度というものを表すのにふさわしい関数でなければならない。そこで、この評価関数fに課せられるべき条件を考える。

関数fは従来det, trace, max等が考えられていた。これらは精度を測る目安としてそれぞれに、もっともらしい性質を持っている。筆者はここで、それらの性質をも熟考しつつ、精度を測る関数fとして保持しなければならない条件をきわめて深く分析した。その結果、detの持っている性質、すなわち未知状態ベクトルθに関する座標変換に対して評価が不変という性質が、きわめて重要であることを突き止めた。そして逆に、そのような性質を持つ関数としてdet以外どのようなものがあるのだろうか、と探索することにより、打開の道を切り開いた。すなわち、次に列挙する三条件を満たす関数なら、それらの関数について途方もなく重要な定理が成り立つことを、熟慮に熟慮を重ねた上、ついに発見した。その過程はあたかも電光石火、インスピレーションのごとくであった。それをスローモーションにして明らかにしよう。

1)　第一条件

関数fの大小関係は、未知状態Θを表現する座標系によって変化してはならない、と筆者は考える。

すなわち、ある座標系で表現した状態ベクトルの推定値$\hat{\theta}(\mathrm{i})$に対応する分散共分散行列をΣ_iとし、他の座標系で表現した推定値$\hat{\theta}^*(\mathrm{i})$に対応する同行列を$\Sigma^*_i$とするとき、評価関数$f$に課せられるべき第一条件は、

$$[f(\Sigma_1)<f(\Sigma_2)] \Leftrightarrow [f(\Sigma^*_1)<f(\Sigma^*_2)] \tag{12}$$

である。Σ_iとΣ^*_iとの関係は、$\theta^*=\Phi(\theta)$とするとき、Φがもし線形なら厳密に、また、たとえ非線形でも近似的に、

$$\Sigma^*_i=\mathrm{D}\Sigma_i{}^t\mathrm{D} \tag{13}$$

と表される。ただし、Dは(8)式に表されているとおり、Σと大きさが同じ任意の正則行列である。この近似は、$\varepsilon\to 0$とするとき次第によくなる。

そこで、(13)式を(12)式に代入し、(12)式を書き換えると、

$$[f(\Sigma_1)<f(\Sigma_2)] \Leftrightarrow [f(\mathrm{D}\Sigma_1{}^t\mathrm{D})<f(\mathrm{D}\Sigma_2{}^t\mathrm{D})] \tag{14}$$

となる。本条件は非常に重要な条件であって、座標変換に対する関数fの大小関係の不変性を示している。よく用いられるtrace等は本条件を満たさない（しかしながら、trace等も捨てたものでないことは後に示す)。ある人は未知状態ベクトルとしてθを用い、他の人はθ^*を用い、また他の人はその他の状態ベクトルを採用するかもしれない。上式(14)あるいは(12)式の意味は、評価がそれらの座標系の選び方によらないことを要請する（詳しくは付録Dを参照されたい。)。ニュートンの法則はガリ

レイ変換に対して不変であり、特殊相対性理論では慣性系におけるすべての自然法則がロレンツ変換に対して不変である。また、一般相対性理論では、慣性系という制限を除いて、あらゆる座標系で物理法則が不変となっている。相対性理論の基にある発想法の相対性原理とはこのように、どんな座標系も他の座標系と比べて特別な役割をせず、法則が座標系の変換に対して不変の形をとることを意味する[6]。客観的あるいは普遍的な法則や真理は何らかの変換に対して不変であることが必要である[7]。この第一条件こそは、本理論において最重要の事項である。

2)　第二条件

極限について、$|\Sigma^0|<\infty$なる任意のΣ^0に対して、

$$f(\Sigma^0) < \lim_{|\Sigma|\to\infty} f(\Sigma) \tag{15}$$

でなければならないと筆者は考える。

この極限条件で行列式が出てくるゆえんは、多次元正規分布密度関数[11]の係数にそれが使われていることによる。もしこの係数が無限大になると、分布密度関数はいたるところ0となり、不確定となる。つまり、このような値を出す観測系より悪い観測系はないと判定されるべきである。

3)　第三条件

連続性について、関数fはいたるところ連続であるとする。すなわち、任意のΣ^0に対して、

$$\lim_{\|\Sigma-\Sigma^0\|\to 0} f(\Sigma) = f(\Sigma^0) \tag{16}$$

でなければならないと筆者は考える。

以上の三条件は、精度を評価する上で当然の条件と思われる。では、以上の条件を満足する関数にどのようなものがあるだろうか。いうまでもなく、まず最初にdetがそれに該当する。これは確かに上述の条件をすべて満たす。したがって解の一つである。しかし、これ以外にも解はあると思われる。その一つをfで表す。このとき、もしdetによる評価とfによる評価に食い違いが生じたらどういうことになるだろうか。どちらの関数で評価したらよいだろうか。あるいは、どの関数で評価したら一番よいのだろうか。

しかし、きわめて驚嘆すべきことに、それらの危惧は不必要である。次の定理が成り立つからである。証明は付録Aにて示す。つまり、detによる評価と、上記三条件を満たす他の関数による評価との間に決して食い違いが生じないことが保障される。すなわち、

【定理１】

$$[\det(\Sigma_1) < \det(\Sigma_2)] \Leftrightarrow [f(\Sigma_1) < f(\Sigma_2)] \tag{17}$$

【定理２】

$$[\det(\Sigma_1) = \det(\Sigma_2)] \Leftrightarrow [f(\Sigma_1) = f(\Sigma_2)] \tag{18}$$

したがって、detで評価すれば十分である。つまり筆者は、未知状態ベクトルを表現する座標系の変換に対して不変な評価基準、例えばdetが存在することはいうまでもないが、その判定が一意的であることを発見した。

これは非常に独創的な定理である。まず第一に、detの座標変換に対して評価が不変という性質を、逆にそのような性質を持つ関数にどのようなものがあるかと探求して得られたものであること。すなわち、相対

性理論の発想の基になっている相対性原理から導かれたものにほかならないこと。第二に、座標変換に対して、値そのものが不変ということでなく、順序が不変であること。第三にその内容である。すなわち、これの意味するところは、従来、最適性基準の選び方は各人の自由であったが、それは間違いで、実質上、唯一detのみが座標変換に対して不変な客観的評価基準であることを示している。この【定理１】【定理２】こそ、本理論における最も重要な、観測系を評価するための基本定理である。

また、det(Σ)の情報理論的意味については参考文献９)、10) を参照されたい。そこで示されている重要なことは、情報理論におけるエントロピー（不確定度）の値の大小がdet(Σ)の大小と一致することである。これは、本理論と他の理論との接点を示すものとして非常に重要である。

そして、自明なことではあるが、NをΣの大きさとするとき、

$$\{\det(\Sigma)\}^{1/N} \leqq \mathrm{trace}(\Sigma)/N \leqq \max(\Sigma) \tag{19}$$

なる関係が成り立つ。これは三者の間でdetが最強の評価基準たることを示している。また同時に、Σを表現する座標系の取り方（スケーリングも含む）によっては次式が成り立つこともありうる。

$$\{\det(\Sigma)\}^{1/N} = \mathrm{trace}(\Sigma)/N = \max(\Sigma) \tag{20}$$

このときも、detが鍵となる。なぜなら、detの示す答えは座標系の取り方によらないからである。trace(Σ)およびmax(Σ)は、行列Σの各要素の単位が相互に異なる場合、物理的意味をなさない。なぜなら、例えば、(9)式において、(r, θ, ϕ) に関する分散共分散行列のtraceおよび

maxは、rとθ,ϕの間で単位が異なるため、その意味をなさない。したがって、そのような場合において、detの助けを得てスケーリングあるいは座標変換を適切に決められれば、例えば、上述の（r,θ,ϕ）を（x,y,z）に変換すれば、それら（x,y,z）の単位は同じなので、traceで評価しても、maxで評価してもよいこともある。このことは、従来のtrace,maxによる評価の正当性を裏付けることがありうることを示す。ただし、このことは、上式⑳が成り立つ特殊な場合のみのことであり、一般的には、どうしても⑳式が成り立たないことがあり、そのときは、detで評価するほかない。

ただ、これでもdetを肯定できない読者もいるに違いない。detとは何ぞやと。しかし、detは昔からある一般化分散という評価基準の一つであり、既述のごとく、情報理論におけるエントロピーの概念と評価の上では同一の答えを出すものである。そして、評価が座標変換に対して不変という何よりも大切な性質を持っている。しかし、それでもなお肯定できない場合は、最後の審判として、その応用結果を見るのが適切であると思われる。その意味もあって、本稿の応用例は、本理論の正当性を判別するのに容易な典型的および単純明快なものを用意した。もし応用例として、コンピューターでの数値計算を必要とするような、現実によくある複雑なものを掲げたならば、本理論の正当性を判別することは容易でないと思われる。このように、本理論の正否を判別する上でも、本理論の応用編は大事と考えられ、よく吟味されることを期待する。

なお、東京大学理学部数学科名誉教授岩堀長慶氏により、本項の第二条件がより自然な条件に置き換えられること、第三条件は不要であることが指摘されている。本定理１、２の数学的側面については文献８）を参照されたい。

2.3.2　コストの考慮

いくら精度がよくてもあまりにも価格が高ければ、それはよい観測系とはいえない。観測系の優劣は精度、価格、取り扱いやすさ等いろいろなものが関係している。そのうち最も主要な要因は精度であると思われる。精度のみを考えた結論はすでに前項で与えた。本項ではコストをも考慮した観測系の評価について述べる。

精度とコスト両者を考慮した観測系の評価について、次のことは自明である。観測系A,Bについて、

①AとBは精度も同じ、コストも同じならば、AとBは同等である。

②AはBと比較して精度は同じだが、コストが安いならばAのほうがよい。

③AはBと比較してコストは同じだが、精度がよいならばAのほうがよい。

④AはBと比較して精度もよくコストも安いならば、Aのほうがよい。

ところが、次のような場合は問題である。

⑤AはBと比較して精度はよいがコストが高い。

　AはBと比較して精度は悪いがコストが安い。

この問題を解決する本項の方針は、⑤型の問題を②型の問題に帰着させることにある。つまり、精度の異なる観測系をおのおの何個使えば、あるいは、いくらコストをかければ、同じ精度を得るかを調べる。すなわち、観測系A,Bの観測方程式を次のように表す。

$$y^A = X^A(\theta) + \varepsilon^A, \quad W^A \tag{21}$$

$$y^B = X^B(\theta) + \varepsilon^B, \quad W^B \tag{22}$$

ここに、W^A, W^Bはそれぞれ、$\varepsilon^A, \varepsilon^B$に関する重み行列である（(6)式を参照のこと）。そして、未知状態ベクトルθに関するそれぞれの偏微分をχ^A, χ^Bと表し、分散共分散行列をΣ^A, Σ^Bと表す（(5)、(4)式を参照のこと）。

ここで、同一種の観測系Aをp個重ね合わせた場合を考える。すなわち、

$$
\begin{aligned}
y^A{}_1 &= X^A(\theta) + \varepsilon^A{}_1, W^A \\
y^A{}_2 &= X^A(\theta) + \varepsilon^A{}_2, W^A \\
&\cdots\cdots\cdots\cdots\cdots\cdots \\
y^A{}_p &= X^A(\theta) + \varepsilon^A{}_p, W^A
\end{aligned}
\tag{23}
$$

ただし、$\varepsilon^A{}_i, \varepsilon^A{}_j (i \neq j)$は互に相関がないとする。このとき、p個重ね合わせた場合の分散共分散行列Σ^{Ap}は、

$$
\Sigma^{Ap} = \left[({}^t\chi^{At}\chi^A \cdot {}^t\chi^A) \begin{bmatrix} W^A & O & \cdot & O \\ O & W^A & \cdot & O \\ \cdot & \cdot & & \cdot \\ O & O & \cdot & W^A \end{bmatrix} \begin{bmatrix} \chi^A \\ \chi^A \\ \cdot \\ \chi^A \end{bmatrix} \right]^{-1}
\tag{24}
$$

と表される。この式は、X^Aが線形で、かつ、$p=2$という場合を考えれば明らかと思われる（(4)式を参照のこと）。そうすると、

$$
|\Sigma^{Ap}| = |p\,{}^t\chi^A W^A \chi^A|^{-1} = p^{-N}|\Sigma^A|
\tag{25}
$$

となる。ここに、NはΣ^Aの大きさである。

同様に、観測系Bをq個重ね合わせた場合は、

$$|\Sigma^{Bq}|=|q^t\chi^B W^B\chi^B|^{-1}=q^{-N}|\Sigma^B| \tag{26}$$

となる。そこで、

$$|\Sigma^{Ap}|=|\Sigma^{Bq}| \tag{27}$$

を満たすp,qを求める。(25)、(26)式を(27)式に代入し、

$$p/q=(|\Sigma^A|/|\Sigma^B|)^{1/N} \tag{28}$$

を得る。便宜上、(27)式を満たすp,qをp^*,q^*と記す。上式(28)の右辺が無理数の場合は、それを満たす整数p^*,q^*は存在しないが、それにいくらでも近いp^*,q^*は存在する。p^*,q^*について次のことがいえる。

上述の観測系Aについてはp^*個、同じくBについてはq^*個重ね合わせれば、理想的な場合、両観測系は同じ精度を得る（(27)式参照のこと）。したがって、観測系Aがα円、観測系Bがβ円コストがかかるとすると、観測系Aについては$p^*\alpha$円、Bについては$q^*\beta$円かければ同一の精度が得られる。つまり、同一の精度に対するコスト$p^*\alpha$,$q^*\beta$を比較して、その値の小さいほうがよい観測系ということができる。これは上述の②型の問題に帰着したことになる。$p^*\alpha$,$q^*\beta$を両方同じ$p^*|\Sigma^A|^{-1/N}$で割り算すれば、$\alpha/|\Sigma^A|^{-1/N}$、および、$\beta/|\Sigma^B|^{-1/N}$を得るので、この値で比較してよい。この値の小さいほど、よい観測系である。これは単位精度当

たりのコストというべきものである。ここにいたると、(28)式の右辺が無理数のときの問題の整数p^*, q^*は消えてしまう。

本項での結論は、上述の評価法の逆数をとって、観測系の精度hを、

$$h \equiv |\Sigma|^{-1/N} \tag{29}$$

と定義し、そのコストをg（上述のα, βに相当）とした場合、観測効率eを次のように定義する。

$$e \equiv h / g \tag{30}$$

これは単位コスト当たりの精度であり、観測効率という名前で呼ばれてしかるべきと思われる。つまり、この観測効率eの値が大きいほど、よい観測系であるとする。なお、(30)式を言葉でいえば、観測効率は精度に比例し、コストに反比例する、となる。これは当たり前のように思われるかもしれないが、(29)式で定義された精度が、例えば２倍よくなるとすると、コストも２倍にしてよい。つまり、そうしても観測効率は変わらない。実質上、(29)式以外の精度の定義では、こうはならない。

したがって、本項での重要なことは、(29)式における、べき乗１／Nにある。精度のみを考慮した観測系の評価は前項で考察したように$|\Sigma|$あるいはそれに類する関数、例えば$|\Sigma|^n$とか$\log|\Sigma|$で行えば、その優劣は決する。しかし、コストをも勘案すると(29)式が必然的に導き出される。筆者はこれを名実ともに精度という概念にふさわしいものと考える。そして、これを用いて観測効率(30)式を得、これによって観測系の評価を行う。これが観測系の精度とコストを考慮した場合の評価の結論である。

なお、コストgは、次の「３．応用」で見られるように、理論解析す

る場合などについては、何らかの関数で表されると都合よい。しかし、現実的には、そのように都合よくいくとは限らないのが普通である。そのような場合には、未知状態ベクトルを求めるためにかかった全費用をそのままgの値として当てはめ、それによって得られた観測効率eの値で観測系の優劣を決めてよい。また、コストを考慮せず、精度のみの評価でよい場合もありうる。

尚、精度hを最大にする観測系を最良の観測系と呼び、観測効率eを最大にするものを、最適な観測系と称することにする。

註. p.25の下から3行目および2行目の割り算について補足。

$$p^* \alpha / p^* |\Sigma^A|^{-1/N} = \alpha / |\Sigma^A|^{-1/N}$$

$$q^* \beta / p^* |\Sigma^A|^{-1/N} = (q^*/p^*) \cdot \beta / |\Sigma^A|^{-1/N}$$
$$= (|\Sigma^B| / |\Sigma^A|)^{1/N} \cdot \beta / |\Sigma^A|^{-1/N}$$
$$= \beta \cdot |\Sigma^B|^{1/N} \cdot |\Sigma^A|^{-1/N} \cdot |\Sigma^A|^{1/N}$$
$$= \beta / |\Sigma^B|^{-1/N}$$

3. 応　用

理論は豊かな応用がなければ意義が小さい。本質を衝いた理論は応用範囲が広いのが普通である。本理論は適用範囲が広く、重要な内容を持っている。また、その応用結果は教訓的でもある。以下、そのことを順を追って述べていこう。ただし、使用文字はやむを得ず理論編と異なるところが大部分である。了解願いたい。また、理論編でも述べたように、本応用編の結果は、理論の正当性を判別する重要な証拠、根拠でもある。十分な精読をお願いしたい。

なお、記述に粗雑なところもあるが、ご容謝願いたい。

3.1　二次元ベクトル量計測

ベクトル量計測の一般式は、

$$\lambda_i = f_i(\boldsymbol{v}) \quad (i=1,2,\cdots\cdots,p) \qquad (1\text{-}1)$$

と表される。

ここに、

i：観測の番号あるいは観測器の番号

p：観測の個数あるいは観測器の個数

λ_i：観測値

f_i：スカラー値関数

$\boldsymbol{v}$：未知状態ベクトル

未知状態ベクトル$\boldsymbol{v}$については、この章では二次元ベクトルとし、関数f_iについては、未知状態ベクトル$\boldsymbol{v}$の各成分の一次結合で表される形に限定し、その結合係数は正規化されているものと仮定する。すなわち、

$$\lambda_i = \boldsymbol{f}_i \cdot \boldsymbol{v} \quad (i=1,2,\cdots\cdots,p) \qquad (1\text{-}2)$$

ただし、

$$|\boldsymbol{f}_i| = 1 \quad (i=1,2,\cdots\cdots,p) \qquad (1\text{-}3)$$

とする。ここに、ベクトル$\boldsymbol{f}_i$は、図-1に示す二次元の方向ベクトルに

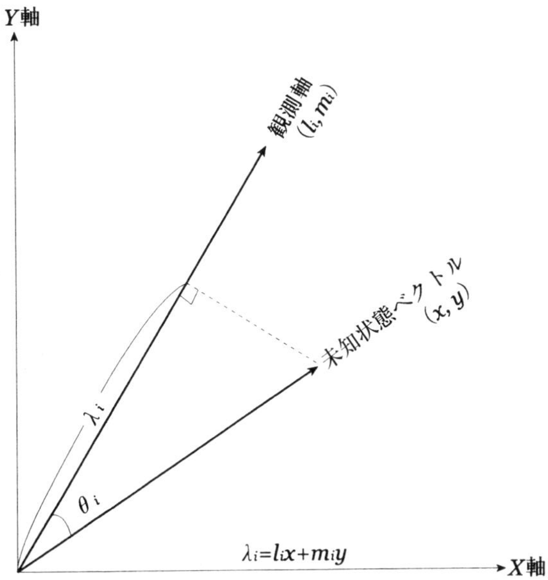

図－1

相当し、そのX, Y成分をここではl_i, m_iと表すことにする。すなわち、

$$\boldsymbol{f}_i = (l_i, m_i) \quad (i=1,2,\cdots\cdots,p) \tag{1-4}$$

ただし、

$$(l_i)^2 + (m_i)^2 = 1 \quad (i=1,2,\cdots\cdots,p) \tag{1-5}$$

とする。また、未知状態ベクトル$\boldsymbol{v}$の各成分はx, yと表すことにする。すなわち、

$$^t\boldsymbol{v} = (x, y) \tag{1-6}$$

したがって、(1-2) 式は、(1-3) 式および (1-6) 式を考慮して、

$$\lambda_i = l_i \cdot x + m_i \cdot y \quad (i=1,2,\cdots\cdots,p) \qquad (1\text{-}7)$$

と表される。

3.1.1　バイアスエラーを考慮しない場合

1)　観測方程式

上式 (1-7) に誤差ε_iを付加して、次のように観測方程式を設定する。

$$\lambda_i = l_i \cdot x + m_i \cdot y + \varepsilon_i \quad (i=1,2,\cdots\cdots,p) \qquad (1\text{-}8)$$

ここに、観測誤差ε_iは、次のような条件を満たすものと仮定する。

【仮定１】正規分布である。

【仮定２】$E(\varepsilon_i)=0 \quad (i=1,2,\cdots\cdots,p)$　(1-9)

【仮定３】$E(\varepsilon_i \cdot \varepsilon_j)=\delta^2\delta_{ij} \quad (i,j=1,2,\cdots\cdots,p)$　(1-10)

ここに、δ_{ij}はクロネッカーのデルタである。

さて、観測方程式 (1-8) を行列表示で示せば、

$$\begin{pmatrix} \lambda_1 \\ \lambda_2 \\ \cdot \\ \lambda_p \end{pmatrix} = \begin{pmatrix} l_1 & m_1 \\ l_2 & m_2 \\ \cdot & \cdot \\ l_p & m_p \end{pmatrix} \begin{pmatrix} x \\ y \end{pmatrix} + \begin{pmatrix} \varepsilon_1 \\ \varepsilon_2 \\ \cdot \\ \varepsilon_p \end{pmatrix} \tag{1-11}$$

となる。これを行列記号で、

$$\boldsymbol{\lambda} = \mathrm{F} \cdot \boldsymbol{\upsilon} + \boldsymbol{\varepsilon}$$

と略記する。ここで（1-10）式を考慮して、

$$\mathrm{E}(\boldsymbol{\varepsilon} \cdot {}^t\boldsymbol{\varepsilon}) = \delta^2 \mathrm{E}(\mathrm{p}) \equiv \mathrm{W}^{-1} \tag{1-13}$$

を得る。ただし、

$\boldsymbol{\lambda}$：観測値ベクトル

F：観測系を意味する行列

$\boldsymbol{\varepsilon}$：観測誤差ベクトル

δ：誤差の分散

E(p)：p×pの単位行列

W：重み行列

である。

2)　観測方程式の解

最尤法または重みを考慮した最小二乗法によれば、観測方程式（1-12）の解は、次のようになる。

$$\boldsymbol{\upsilon} = ({}^{t}F \cdot W \cdot F)^{-1} \cdot {}^{t}F \cdot W \cdot \boldsymbol{\lambda} \tag{1-14}$$

上式に（1-13）式を代入し、

$$\boldsymbol{\upsilon} = ({}^{t}F \cdot F)^{-1} \cdot {}^{t}F \cdot \boldsymbol{\lambda} \tag{1-15}$$

を得る。

また、この解$\boldsymbol{\upsilon}$の推定誤差すなわち分散共分散行列は、

$$\Sigma = ({}^{t}F \cdot W \cdot F)^{-1} = \delta^2 ({}^{t}F \cdot F)^{-1} \tag{1-16}$$

と見積もられる。

3)　観測系の評価

観測系の評価は、観測効率eによって決められることはすでに述べた((29)式)。そこで、精度hは（1-16）式を鑑みて、

$$h = \{\det(\Sigma)\}^{-1/2} = \{\det({}^{t}F \cdot F)\}^{1/2} / \delta^2 \tag{1-17}$$

と計算される。

コスト（経費）gは、実際はきわめて複雑な式によって表されると考えられるが、ここでは単に、観測器の個数pのみに依存すると仮定する。

ここではさらに、コストgは観測器の個数pに比例すると単純に考える。すなわち、観測1個当たりのコストを¥と表せば、

$$g = g(p) = p¥ \tag{1-18}$$

したがって、観測効率eは⑽式より、

$$e = h/g = \{\det({}^{t}F \cdot F)\}^{1/2} / \delta^2 p ¥ \quad (1\text{-}19)$$

となる。

この関係式（1-19）は、最適な観測器の個数を求めるとき必要になる。しかし、最適な観測器の個数については、本書の主なテーマとはしない。本書では、観測器の個数が同一のときの観測系同士を比較評価することを主なテーマとする。

さて、今、同じ個数の観測器からなる観測系同士を比較する場合を考える。そうすると、コストは一定なので、精度h（(1-17)式）だけを問題にすればよい。したがって、その場合、

①δ^2を最小にすること。

②$\det({}^{t}F \cdot F)$ を最大にすること。

が最適観測系であるための必要十分条件である。

ここに、(1-11),(1-12) 式が示すように、Fは、

$$F = \begin{pmatrix} l_1 & m_1 \\ l_2 & m_2 \\ \cdot & \cdot \\ l_p & m_p \end{pmatrix} \equiv (\mathbf{l} \quad \mathbf{m}) \quad (1\text{-}20)$$

と表せられる。

したがって、

$$\det({}^{t}F\cdot F)=\det\begin{bmatrix} l^2 & lm \\ lm & m^2 \end{bmatrix} \tag{1-21}$$

を得る。

よって、上式（1-21）を最大ならしめる（l　m）つまり観測軸の方向（l_i　m_i）の組（i=1,2,……p）を見つければ、それが最適観測軸配置ということになる。

4）観測系を等価に保つ変換

観測軸配置はすでに述べたとおり行列Fで表され、観測系のよさはdet(${}^{t}FF$）で表された。したがって、今、二種類の観測軸配置F_1およびF_2があって、たとえ、

$$F_1\neq F_2 \tag{1-22}$$

であっても、

$$\det({}^{t}F_1F_1)=\det({}^{t}F_2F_2) \tag{1-23}$$

であるならば、この二つの観測系は、観測系の評価の上では等価であるといえる。

これに関連して、行列式を不変に保つ行列Fへの諸変換について、次に明らかにする。

行列Fへの変換とは、観測系Fを変換（再構成）することであり、det(${}^{t}FF$）を不変に保つとは、そのように変換しても、観測系のよさが変わらないことを意味する。つまりここでは、観測系のよさに変化を与え

ない変換とはどのようなものであるかを考察する。

行列式det(^{t}FF) をよく観察するならば、次のような変換VおよびUが観測系のよさに変化を与えない解であることが容易にわかる。

(1)　左からの変換V（P×P）

大きさ（p×p）の行列V、ただし、

$$ {}^tVV = E(p) : (p \times p\text{の単位行列}) \quad (1\text{-}24) $$

について、Fへの左からの変換

$$ F^* = VF \quad (1\text{-}25) $$

このような変換（F→F*）に対して、det(^{t}FF) は不変である。なぜなら、

$$ {}^tF^*F^* = {}^tF{}^tVVF = {}^tFEF = {}^tFF \quad (1\text{-}26) $$

したがって、

$$ \det({}^tF^*F^*) = \det({}^tFF) \quad (1\text{-}27) $$

これは行列式det(^{t}FF)の変換Vに対する不変性を示している。

このような変換Vの具体例として、次のようなものがある。

a)　行と行の入れ替え

行列Fは（1-20）式に示すように、p行２列の行列であるが、この行列i行目とj行目をそっくりそのまま相互に入れ替える変換、例えば一行

目と二行目を入れ替える変換は次のように表される。

$$V_1 = \begin{bmatrix} 0 & 1 & 0 & \cdot & 0 \\ 1 & 0 & 0 & \cdot & 0 \\ 0 & 0 & 1 & \cdot & 0 \\ \cdot & \cdot & \cdot & \cdot & \cdot \\ 0 & 0 & 0 & \cdot & 1 \end{bmatrix} \tag{1-28}$$

このようなV_1に対してFは次のように変換される。

$$F = \begin{bmatrix} l_1 & m_1 \\ l_2 & m_2 \\ \cdot & \cdot \\ \cdot & \cdot \\ l_p & m_p \end{bmatrix} \rightarrow \begin{bmatrix} l_2 & m_2 \\ l_1 & m_1 \\ \cdot & \cdot \\ \cdot & \cdot \\ l_p & m_p \end{bmatrix} = F^* = V_1 F \tag{1-29}$$

この変換の意味は、観測器同士を相互に入れ替えることである。

b）　負変換

行列Fのある行すべての要素にマイナスを付ける変換で、例えば、一行目の負変換を考えれば、次のように表される。

$$V_2 = \begin{bmatrix} -1 & 0 & 0 & \cdot & 0 \\ 0 & 1 & 0 & \cdot & 0 \\ 0 & 0 & 1 & \cdot & 0 \\ \cdot & \cdot & \cdot & \cdot & \cdot \\ 0 & 0 & 0 & \cdot & 1 \end{bmatrix} \tag{1-30}$$

このようなV_2に対してFは次のように変換される。

$$F = \begin{bmatrix} l_1 & m_1 \\ l_2 & m_2 \\ \cdot & \cdot \\ \cdot & \cdot \\ l_p & m_p \end{bmatrix} \rightarrow \begin{bmatrix} -l_1 & -m_1 \\ l_2 & m_2 \\ \cdot & \cdot \\ \cdot & \cdot \\ l_p & m_p \end{bmatrix} = F^* = V_2 F \qquad (1\text{-}31)$$

この変換の物理的意味は、観測軸の向きを逆転することである。

(2) 右からの変換U（2×2）

大きさ（2×2）の行列U

ただし、

$$(\det U)^2 = 1 \qquad (1\text{-}32)$$

について、Fへの右からの変換

$$F' = FU \qquad (1\text{-}33)$$

このような変換（F→F'）に対して、det(FF）は不変である。なぜなら、

$${}^tF'F' = {}^tU{}^tFFU \qquad (1\text{-}34)$$

したがって、

$$
\begin{aligned}
\det({}^t F' F') &= \det({}^t U\,{}^t F F U) \\
&= (\det U)^2 \det({}^t F F) \\
&= \det({}^t F F)
\end{aligned}
\tag{1-35}
$$

これは、行列式$\det({}^tFF)$の変換Uに対する不変性を示している。

このような変換の具体例として、次のようなものがある。

a)　回転変換

観測系全体をそっくりそのまま、観測軸同士の位置関係は変えず、平面上を回転させる変換で、例えば次のように表される。

$$
U_1 = \begin{bmatrix} \cos\alpha & \sin\alpha \\ -\sin\alpha & \cos\alpha \end{bmatrix} \tag{1-36}
$$

ここに、αは任意の角度である。

このような変換に対して、観測系のよさは不変である。

b)　列と列の入れ替え

行列Fにおいて列と列を入れ替える変換で、次のように表される。

$$
U_2 = \begin{bmatrix} 0 & 1 \\ 1 & 0 \end{bmatrix} \tag{1-37}
$$

このような変換U_2に対し、Fは次のように変換される。

$$F=\begin{pmatrix} l_1 & m_1 \\ l_2 & m_2 \\ \cdot & \cdot \\ \cdot & \cdot \\ l_p & m_p \end{pmatrix} \rightarrow \begin{pmatrix} m_1 & l_1 \\ m_2 & l_2 \\ \cdot & \cdot \\ \cdot & \cdot \\ m_p & l_p \end{pmatrix} = F' = FU_2 \qquad (1\text{-}38)$$

この物理的意味は、X軸とY軸を入れ替えること、すなわち、一種の鏡映変換である。

c)　負変換

行列Fにおいて、任意の列のすべての要素にマイナスを付ける変換で、例えば一行目の負変換は次のように表される。

$$U_3=\begin{pmatrix} -1 & 0 \\ 0 & 1 \end{pmatrix} \qquad (1\text{-}39)$$

このような変換に対して、行列Fは次のように変換される。

$$F=\begin{pmatrix} l_1 & m_1 \\ l_2 & m_2 \\ \cdot & \cdot \\ \cdot & \cdot \\ l_p & m_p \end{pmatrix} \rightarrow \begin{pmatrix} -l_1 & m_1 \\ -l_2 & m_2 \\ \cdot & \cdot \\ \cdot & \cdot \\ -l_p & m_p \end{pmatrix} = F' = FU_3 \qquad (1\text{-}40)$$

この物理的意味はX軸を逆向きにするということで、前項と同じ鏡映変換である。

以上のことを要約すれば、

①観測軸を逆向きにしても観測系のよさは変わらない。

②平面内において、観測系を任意に回転させても観測系のよさは変わらない。

③観測系を鏡映変換しても、観測系のよさは変わらない。

以上の事柄は自明ではあるが、理論をもって裏付けられたのはこれが初めてであると思われる。

5）　最適観測系であるための必要十分条件

4）までは、最適な観測系および最適でない観測系両方について成立する事項を述べたが、5）からは、最適な観測系のみについて成り立つ事項を記す。

(1)　問題の設定

すでに述べたように、最適観測系であるためには、$\det({}^t\mathbf{F}\mathbf{F})$ を最大ならしめる必要がある。そこで、問題を次のように設定する。すなわち、(1-21) 式に従って、

$$\det\begin{pmatrix} \mathbf{l}^2 & \mathbf{lm} \\ \mathbf{lm} & \mathbf{m}^2 \end{pmatrix} \tag{1-41}$$

を最大にする $(\mathbf{l},\mathbf{m})$ の条件式を求める。ここに、

$$\mathbf{l}=\begin{pmatrix} l_1 \\ l_2 \\ \cdot \\ \cdot \\ l_p \end{pmatrix},\quad \mathbf{m}=\begin{pmatrix} m_1 \\ m_2 \\ \cdot \\ \cdot \\ m_p \end{pmatrix} \tag{1-42}$$

ただし、

$$(l_i)^2+(m_i)^2=1 \quad (i=1,2,\cdots\cdots,p) \qquad (1\text{-}43)$$

であるので、

$$\mathbf{l}^2+\mathbf{m}^2=p \qquad (1\text{-}44)$$

となることに注意する。

(2)　必要十分条件

アダマールの不等式により、次のことがいえる。

$$\det\begin{bmatrix} \mathbf{l}^2 & \mathbf{lm} \\ \mathbf{lm} & \mathbf{m}^2 \end{bmatrix} \leqq \mathbf{l}^2\cdot\mathbf{m}^2 \qquad (1\text{-}45)$$

ただし、等号が成り立つのは、

$$\mathbf{lm}=0 \qquad (1\text{-}46)$$

のときである。

ところで、(1-44) 式の条件下では、(1-45) 式の右辺は、

$$\mathbf{l}^2\cdot\mathbf{m}^2\leqq(p/2)^2 \qquad (1\text{-}47)$$

となる。ここで等号が成り立つのは、

$$\mathbf{l}^2=\mathbf{m}^2 \tag{1-48}$$

のときである。したがって、(1-47) 式を (1-45) 式に代入すれば、

$$\det\begin{bmatrix}\mathbf{l}^2 & \mathbf{lm}\\ \mathbf{lm} & \mathbf{m}^2\end{bmatrix} \leqq (p/2)^2 \tag{1-49}$$

を得る。この場合、等号が成り立つのは (1-46) (1-48) 式がともに満たされているときである。すなわち、

1. $(l_i)^2+(m_i)^2=1\ (i=1,2,\cdots\cdots,p)$ (1-50)
2. $\mathbf{lm}=0$ (1-51)
3. $\mathbf{l}^2=\mathbf{m}^2=(p/2)$ (1-52)

を満たす$\mathbf{l},\mathbf{m}$がもし存在するならば、それは上述の行列式$\det({}^t\mathrm{FF})$を最大にする最適観測軸配置の一つである。

例えば$p=2$の場合、

$$F=(\mathbf{l},\mathbf{m})=\begin{bmatrix}1 & 0\\ 0 & 1\end{bmatrix}$$

は上記三条件をすべて満たす。また、$p=3$の場合は、

$$F=(l,m)=\begin{pmatrix} 1 & 0 \\ 1/2 & \sqrt{3}/2 \\ -1/2 & \sqrt{3}/2 \end{pmatrix} \tag{1-54}$$

は上記三条件をすべて満たす。

p≧4の場合の解については、次節に示すように、すべてのpについて存在することがわかっている。したがって、上記三条件が、最適観測軸配置であるための必要十分条件である。

(3)　三条件を満たす解の存在について

p＝2およびp＝3の場合は前節で述べた。

p≧4の場合の解については、(4)の最適解同士の和の規則④によって、すべての自然数pについて、少なくとも一つの解が存在することを証明することができる。すなわち、

p＝4の場合

4＝2＋2

したがって、④（(4)参照のこと）によりp＝2のときの最適解（既知）を二つ合わせたものはp＝4のときの最適解である。

p＝5の場合

5＝2＋3

したがって、p＝2のときの最適解（既知）とp＝3のときの最適解（既知）を合わせたものはp＝5のときの最適解である。つまりp＝4,5の場合は少なくとも一つの解が存在する。以上のことを4＝2⊕2,5＝2⊕3

と表すことにする。

以下同様に、

$p=6=3\oplus3=2\oplus2\oplus2$

$p=7=3\oplus2\oplus2$

$p=8=2\oplus2\oplus2\oplus2$

$p=9=3\oplus3\oplus3$

・・・・・・・・・・・・・・

すべての自然数$p\geqq4$は、2または3のいずれかの和で表される。したがって、すべての自然数$p\geqq2$について、少なくとも一つの最適解が存在する。

⑷ 最適解同士の和の規則

⑶に述べた三条件下における最適解同士の和の規則を次に示す。

ある一つの観測軸の組を$^1\mathbf{l},{}^1\mathbf{m}$（観測軸の個数$p_1$）と表し、もう一つの観測軸の組を$^2\mathbf{l},{}^2\mathbf{m}$（観測軸の個数$p_2$）と表す。このとき$^1\mathbf{l},{}^1\mathbf{m}$が上記三条件を満たし、同じく$^2\mathbf{l},{}^2\mathbf{m}$が上記三条件を満たすならば、この両者を合わせた

$$\mathbf{l}=\begin{bmatrix}{}^1\mathbf{l}\\{}^2\mathbf{l}\end{bmatrix},\quad \mathbf{m}=\begin{bmatrix}{}^1\mathbf{m}\\{}^2\mathbf{m}\end{bmatrix}\qquad(1\text{-}55)$$

なる$\mathbf{l},\mathbf{m}$（観測軸の個数$p=p_1+p_2$）も上記三条件を満たす。

ということで、これは、簡単な計算により証明される。

【証明】

・条件1について、これを満たすことは自明。

・条件2について、

$$\mathbf{l}\cdot\mathbf{m}={}^{1}\mathbf{l}\cdot{}^{1}\mathbf{m}+{}^{2}\mathbf{l}\cdot{}^{2}\mathbf{m} \tag{1-56}$$

ところで、

$$^{1}\mathbf{l}\cdot{}^{1}\mathbf{m}=0 \tag{1-57}$$

$$^{2}\mathbf{l}\cdot{}^{2}\mathbf{m}=0 \tag{1-58}$$

したがって、

$$\mathbf{l}\cdot\mathbf{m}=0 \tag{1-59}$$

条件3について、

$$\mathbf{l}^{2}=({}^{1}\mathbf{l})^{2}+({}^{2}\mathbf{l})^{2} \tag{1-60}$$

$$\mathbf{m}^{2}=({}^{1}\mathbf{m})^{2}+({}^{2}\mathbf{m})^{2} \tag{1-61}$$

ところで、

$$({}^{1}\mathbf{l})^{2}=({}^{1}\mathbf{m})^{2} \tag{1-62}$$

$$({}^{2}\mathbf{l})^{2}=({}^{2}\mathbf{m})^{2} \tag{1-63}$$

したがって、

$$\mathbf{l}^{2}=\mathbf{m}^{2} \tag{1-64}$$

以上で（$\mathbf{l},\mathbf{m}$）が上記三条件を満たすことが示された。この物理的意味は、

④　p_1個からなる最適観測軸配置とp_2個からなる最適観測軸配置とを任意の位置関係に合わせたものは、p_1+p_2個からなる最適観測軸配置の一つである。

ということである。

このことは必然的に、複合解および基本解の概念を生ずる。すなわち、

複合解とは二つ以上の解の結合したものであり、基本解とは他の解の結合によっては表されない解のことである。なお、後の便宜のため、複合解をさらに重合解と混合解とに分ける。重合解とは、同一の基本解が複数個重なった複合解のことであり、混合解とは、重合解以外の複合解をいう。これらさまざまな解の概念は、後に述べる「3.1.2　バイアスエラーを考慮する場合」および「3.2　三次元ベクトル量計測」にも適用される。

⑸　最適観測軸配置

最適観測軸配置を求めるにはdet(^{t}FF)を最大ならしめるF、すなわち(**l**,**m**)つまり、観測軸(l_i,m_i)の組(i=1,2,……,p)を求めればよいことはすでに述べた。そして、前節で記した三条件を満たす(**l**,**m**)がその解であることも述べた。ここでは、その具体解を求める。

条件１より、

$$l_i=\cos\theta_i,\quad m_i=\sin\theta_i \quad (i=1,2,\cdots\cdots,p) \tag{1-65}$$

としてよい。そうすると条件２は、

$$\sum_{i=1}^{p}\cos\theta_i\cdot\sin\theta_i=0 \tag{1-66}$$

となり、条件３は、

$$\sum_{i=1}^{p}\cos^2\theta_i=\sum_{i=1}^{p}\sin^2\theta_i \tag{1-67}$$

となる。

（1-66）式は書き換えると、

$$\sum_{i=1}^{p}\sin(2\theta_i)=0 \qquad (1\text{-}68)$$

となり、同じく（1-67）式は、

$$\sum_{i=1}^{p}\cos^2\theta_i-\sum_{i=1}^{p}\sin^2\theta_i$$

$$=\sum_{i=1}^{p}\cos(2\theta_i)=0 \qquad (1\text{-}69)$$

となる。つまり（1-68)、(1-69）式を満たすθ_i(i＝1,2,……,p）を見つければよいことになる。付録B（本書139ページ）によれば、この解の一つは、

$$\theta_i=\pi(i-1)/p \quad (i=1,2,\cdots\cdots,p) \qquad (1\text{-}70)$$

と表される。この解を図示すれば、図-2のようになる。図中、例えばp＝5とは、観測軸の個数が５個のときの最適観測軸配置を意味し、また3⊕2とは、p＝3のときの最適観測軸配置とp＝2のときの最適観測軸配置とを任意の位置関係に合わせた複合解であることを示す。また、以上の事柄から、

⑤　基本解は、観測軸の個数pが素数のときのみ存在し、そのときの配置形は180度をp等分する方向に観測軸を配置する形で、図-2において、p＝2,3,5,7,11の場合に示されているような形である。観測軸の個数が素数でないときは、複合解しか存在しない。

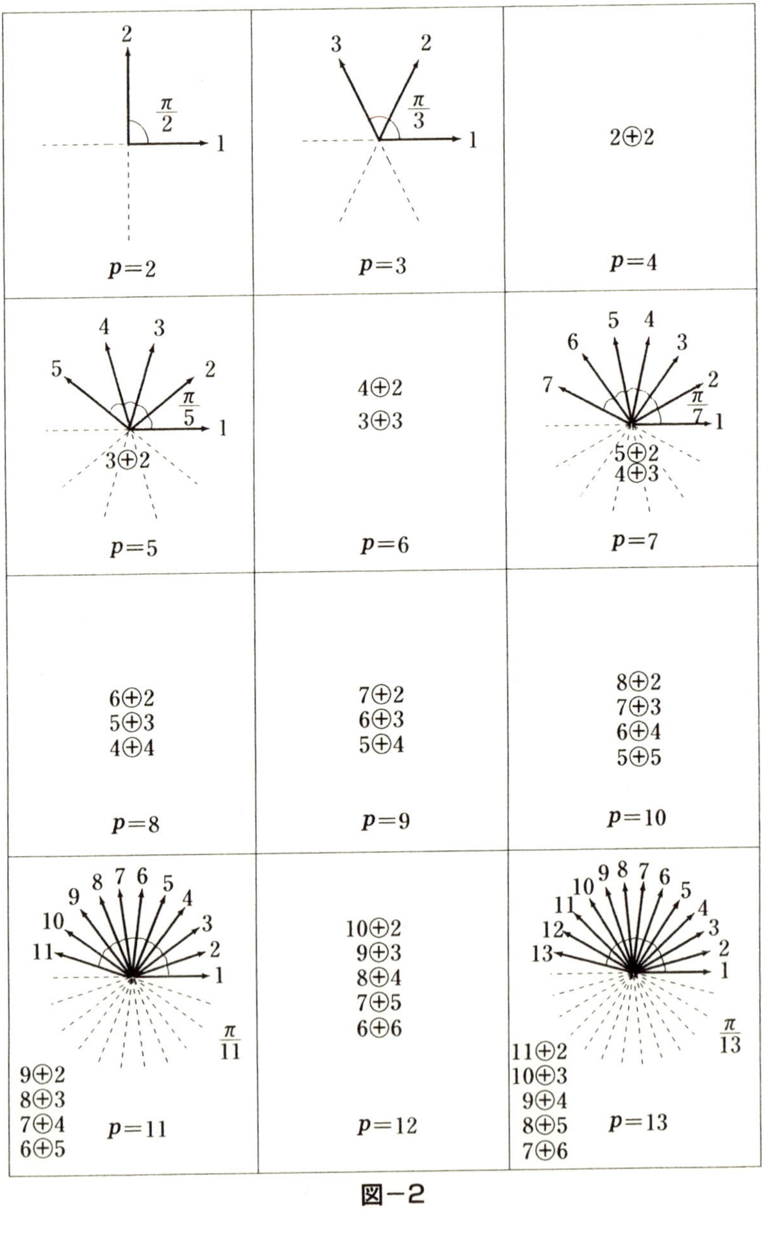

2
π/2
1
p=2
3
2
π/3
1
p=3
2⊕2
p=4
4
3
5
2
π/5
1
3⊕2
p=5
4⊕2
3⊕3
p=6
5 4
6
3
7
2
π/7
1
5⊕2
4⊕3
p=7
6⊕2
5⊕3
4⊕4
p=8
7⊕2
6⊕3
5⊕4
p=9
8⊕2
7⊕3
6⊕4
5⊕5
p=10
8 7 6 5
9 4
10 3
11 2
1
π/11
9⊕2
8⊕3
7⊕4
6⊕5
p=11
10⊕2
9⊕3
8⊕4
7⊕5
6⊕6
p=12
9 8 7 6
10 5
11 4
12 3
13 2
1
π/13
11⊕2
10⊕3
9⊕4
8⊕5
7⊕6
p=13

図－2

6) 最適観測系における精度と観測効率

⑴ 精度h

(1-17),(1-21),(1-49) 式より、

$$h = p / (2\delta^2) \tag{1-71}$$

となる。

上式は精度hが観測器の個数pに比例することを示している。つまり、観測器の個数が多くなればなるほどそれだけ精度がよくなることを意味する。しかし同時に、観測器の個数が多くなるということは、それだけ経費もよけいにかかってくることになるので、経費と精度両方を考慮した観測効率eについて調べる必要が出てくる。この観測効率eについて次項で述べる。

⑵ 観測効率e

(1-19) 式より、

$$e = p / (2\delta^2 p ¥) = 1 / (2\delta^2 ¥) \tag{1-72}$$

となる。この場合、¥の値はpによらず一定と考えているので、観測効率eは観測器の個数pに無関係となる。言い換えれば、p_1（任意の自然数）個の観測軸よりなる最適観測軸配置も、p_2（任意の自然数）個の観測器よりなる最適観測軸配置も、その観測効率は同じである。ただし、これは経費gが (1-18) 式によって表されている限りのことで、この式が変わってくれば、上述の事柄も成り立たなくなることはいうまでもない。

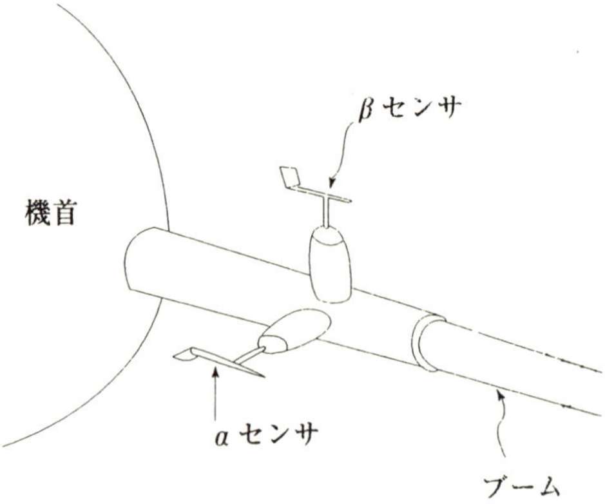

図－3

7) 適用例

図-3に示されているのは、航空機等に使われている、気流方向測定装置である。α／βセンサとも呼ばれる。二個のセンサからなる観測系では、二つのセンサ軸が直交するとき最適となる。この例はきわめて単純な場合であるが、本理論によっても、その最適性が裏付けられる。

なお、詳細については文献21）を参照されたい。

3.1.2 バイアスエラーを考慮する場合

1) 観測方程式

バイアスエラーを考慮した場合の観測方程式を次のように設定する。バイアスエラーをc・Δと表し、(1-7) 式にこのバイアスエラーおよびランダムな観鏡誤差ε_iを付け加え、

$$\lambda_i = l_i \cdot x + m_i \cdot y + c \cdot \Delta + \varepsilon_i \quad (i=1,2,\cdots\cdots,p) \tag{1-73}$$

とする。ただし、

$$(l_i)^2 + (m_i)^2 = 1 \quad (i=1,2,\cdots,p) \tag{1-74}$$

である。

なお、バイアスエラーを単にΔと表記せず、それに係数cを付け$c \cdot \Delta$としたのは、単に後の計算の都合のためである。このcの値は、実は後に示すように、

$$c = \sqrt{2}/2 \tag{1-75}$$

という一定数にすると都合がよいが、この一定数は、どのような値に設定されたとしても、バイアスエラーを求める際、あるいは観測系を評価する際、何の不都合も生じさせない。

さて、ここに観測誤差ε_iは、次の条件を満たすものと仮定する。すなわち、

【仮定1】

正規分布である。

【仮定2】

$$E(\varepsilon_i) = 0 \quad (i=1,2,\cdots\cdots,p) \tag{1-76}$$

【仮定 3】

$$E(\varepsilon_i \cdot \varepsilon_j) = \delta^2 \delta_{ij} \quad (i, j = 1, 2, \cdots\cdots, p) \tag{1-77}$$

ここにδ_{ij}はクロネッカーのデルタである。

さて、観測方程式（1-73）を行列表示で示せば、

$$\begin{bmatrix} \lambda_1 \\ \lambda_2 \\ \cdot \\ \lambda_p \end{bmatrix} = \begin{bmatrix} l_1 & m_1 & c \\ l_2 & m_2 & c \\ \cdot & \cdot & \cdot \\ l_p & m_p & c \end{bmatrix} \begin{bmatrix} x \\ y \\ \Delta \end{bmatrix} + \begin{bmatrix} \varepsilon_1 \\ \varepsilon_2 \\ \cdot \\ \varepsilon_p \end{bmatrix} \tag{1-78}$$

となる。これを行列記号で、

$$\boldsymbol{\lambda} = G \cdot \boldsymbol{\omega} + \boldsymbol{\varepsilon} \tag{1-79}$$

と略記することとする。ここで、(1-77) 式を考慮することにより、

$$E(\boldsymbol{\varepsilon} \cdot {}^t\boldsymbol{\varepsilon}) = \delta^2 E(p) = W^{-1} \tag{1-80}$$

を得る。ただし、

$\boldsymbol{\lambda}$：観測値ベクトル

G：観測系を意味する行列

$\boldsymbol{\omega}$：未知状態ベクトル

$\boldsymbol{\varepsilon}$：観測誤差ベクトル

E(p)：p×pの単位行列

W：重み行列

である。

以上が本節における理論の適用範囲を規定するものである。なお、(1-73) 式に与えられているc・Δは、ここではバイアスエラーと称しているが、より一般的には、エラーという概念を取り除いて、単にバイアス、ないしは、ある一定数と呼ぶべきものである。そして (1-73) 式をそのように解釈して、本理論の適用範囲を考えるべきである。しかし、本章では、イメージをわかりやすくするため、これをバイアスエラーと考え、議論を進めていくことにする。

なお、Δを未知状態量の一つと考えることは、簡単なようであるが、非常に重要な考え方である。

2)　観測方程式の解

最尤法あるいは重みを考慮した最小二乗法によれば、観測方程式 (1-73) の解は、次のようになる。

$$\boldsymbol{\omega} = ({}^{t}G \cdot W \cdot G)^{-1} \cdot {}^{t}G \cdot W \cdot \boldsymbol{\lambda}$$
$$= ({}^{t}G \cdot G)^{-1} \cdot {}^{t}G \cdot \boldsymbol{\lambda} \qquad (1\text{-}81)$$

また、この解$\boldsymbol{\omega}$の推定誤差すなわち分散共分散行列は、

$$\Sigma = ({}^{t}G \cdot W \cdot G)^{-1} = \delta^{2}({}^{t}G \cdot G)^{-1} \qquad (1\text{-}82)$$

と与えられる。

3)　観測系の評価

観測系の評価は、次に示す観測効率eによって決められる。観測効率e

は次のように定義される。

$$観測効率e=精度h／経費g \tag{1-83}$$

ただし、

$$精度h=\{det(\Sigma)\}^{-1/N} \tag{1-84}$$

Σ：(1-82) 式に示されている。

N：行列の大きさ。本項 (3.1.2) の場合はN=3

経費g：未知状態量を得るために要する一切の経費

このように定義された観測効率eについて、この値が大きければ大きいほど、よい観測系である。経費gについては、これは実際には非常に複雑な式によってしか表せられないと考えられるが、本項 (3.1.2) では観測器の個数pのみの関数と単純に考える。そしてさらに、ここでは、経費gは観測器の個数pに比例すると仮定する。すなわち、観測器一個当たりの経費を￥と表せば、

$$g=g(p)=p￥ \tag{1-85}$$

と表される。したがって、

$$e=det(\Sigma)^{-1/3}／p￥ \tag{1-86}$$

となる。

上式 (1-86) は、観測器の最適な個数を問題にするとき必要になる。

しかし本項（3.1.2）では、観測器の最適な個数の問題については、主なテーマとはしない。本項（3.1.2）の主なテーマは、観測器の個数が同じときの観測系同士を比較評価することである。したがって、観測器の個数pが同一という条件下なら、(1-86) 式により、観測効率eはdet(Σ)のみの値によって決まる。すなわち、det(Σ)の値が小さければ小さいほど、よい観測系である。

そこで、次にdet(Σ)を計算してみる。(1-82) 式より、

$$\det(\Sigma)=\det(\delta^2({}^t GG)^{-1}) \\ =\delta^6 / \det({}^t GG) \qquad (1\text{-}87)$$

ここに、(1-78)、(1-79) 式に示すように、

$$G=\begin{pmatrix} l_1 & m_1 & c \\ l_2 & m_2 & c \\ \cdot & \cdot & \cdot \\ l_p & m_p & c \end{pmatrix}=(\mathbf{l},\mathbf{m},\mathbf{c}) \qquad (1\text{-}88)$$

とした。したがって、

$$\det({}^t GG)=\left|\begin{pmatrix} \mathbf{l}^2 & \mathbf{lm} & \mathbf{lc} \\ \cdot & \mathbf{m}^2 & \mathbf{mc} \\ \cdot & \cdot & \mathbf{c}^2 \end{pmatrix}\right| \qquad (1\text{-}89)$$

を得る。

観測誤差δは偶発誤差と考えているので、自己以外のどんな量とも相

関しない。(1-87) 式における分母det(GG)は観測誤差δとは無関係なので、det(Σ)を最小にするとは、

①分子δ^6を最小にする。

②分母det(GG)を最大にする。

の二項のことにほかならない。ここで、①項については、観測誤差δを小さくするということであり問題はない。②項については、この値を最大にするような(**l**,**m**)つまり観測軸の方向(l_i, m_i)の組 (i=1,2,……,p) を見つければ、それが最適観測軸配置の解ということになる。

4) 観測系を等価に保つ変換

3) までの結論として、観測系を行列Gで表すとすると観測器の個数を同一とするときの観測系の評価は$\det({}^tGG)$で表され、この行列式の値が大きければ大きいほど、よい観測系であるということができた。そこで4) では、観測系Gを変換 (再構成) しても観測系の評価の上では等価な変換について述べる。すなわち、ある観測系Gを他の観測系G^* ($G^* \neq G$) に変換しても、その評価が変わらない変換、つまり$\det({}^tGG)=\det({}^tG^*G^*)$なる変換$G \to G^*$について考える。

行列式$\det({}^tGG)$をよく観察するならば、次のような変換VおよびUが解であることが容易にわかる。

⑴ 左からの変換V (p×p)

大きさ (p×p) の行列V、ただし、${}^tVV=E(p)$:(p×pの単位行列) について、Gへの左からの変換

$G^*=VG$

このような変換$(G \to G^*)$に対して、$\det({}^tGG)$は不変である。なぜなら、

$$ {}^tG^*G^*={}^tG{}^tVVG={}^tGEG={}^tGG \qquad (1\text{-}90) $$

したがって、

$$\det({}^{t}G^{*}G^{*})=\det({}^{t}GG) \qquad (1\text{-}91)$$

これは、行列式$\det({}^{t}GG)$の変換Vに対する不変性を示している。

このような変換Vの具体例として、次のようなものがある。

a) 行と行の入れ替え

行列Gは（1－88）式に示すように、p行3列の行列であるが、この行列のi行目とj行目をそっくりそのまま相互に入れ替える変換、例えば1行目と2行目を入れ替える変換は次のように表される。

$$V_i=\begin{pmatrix} 0 & 1 & 0 & \cdot & 0 \\ 1 & 0 & 0 & \cdot & 0 \\ 0 & 0 & 1 & \cdot & 0 \\ \cdot & \cdot & \cdot & \cdot & \cdot \\ 0 & 0 & 0 & \cdot & 1 \end{pmatrix} \qquad (1\text{-}92)$$

このようなV_1に対してGは次のように変換される。

$$G=\begin{pmatrix} l_1 & m_1 & c \\ l_2 & m_2 & c \\ \cdot & \cdot & \cdot \\ \cdot & \cdot & \cdot \\ l_p & m_p & c \end{pmatrix} \rightarrow \begin{pmatrix} l_2 & m_2 & c \\ l_1 & m_1 & c \\ \cdot & \cdot & \cdot \\ \cdot & \cdot & \cdot \\ l_p & m_p & c \end{pmatrix}$$

$$=G^{*}=V_iG \qquad (1\text{-}93)$$

この変換の意味は、観測器同士を相互に入れ替えることである。

b）　負変換

行列Gのある行すべての要素にマイナスを付ける変換で、例えば、1行目の負変換を考えれば、次のように表される。

$$V_2 = \begin{bmatrix} -1 & 0 & 0 & \cdot & 0 \\ 0 & 1 & 0 & \cdot & 0 \\ 0 & 0 & 1 & \cdot & 0 \\ \cdot & \cdot & \cdot & \cdot & \cdot \\ 0 & 0 & 0 & \cdot & 1 \end{bmatrix} \tag{1-94}$$

このようなV_2に対してGは次のように変換される。

$$G = \begin{bmatrix} l_1 & m_1 & c \\ l_2 & m_2 & c \\ \cdot & \cdot & \cdot \\ \cdot & \cdot & \cdot \\ l_p & m_p & c \end{bmatrix} \rightarrow \begin{bmatrix} -l_1 & -m_1 & -c \\ l_2 & m_2 & c \\ \cdot & \cdot & \cdot \\ \cdot & \cdot & \cdot \\ l_p & m_p & c \end{bmatrix}$$

$$= G^* = V_2 G \tag{1-95}$$

しかし、この変換は、第3行目のcをも変換（→－c）している。変換が許されるのは第2列目までであり、第3列目のcの値は観測方程式（1-73）で示すとおり一定値に固定しなければならず、したがって、この変換は考察の対象外である。ただし、次のような変換は考慮すべきである。

$$G=\begin{pmatrix} l_1 & m_1 & c \\ l_2 & m_2 & c \\ \cdot & \cdot & \cdot \\ \cdot & \cdot & \cdot \\ l_p & m_p & c \end{pmatrix} \rightarrow \begin{pmatrix} -l_1 & -m_1 & c \\ l_2 & m_2 & c \\ \cdot & \cdot & \cdot \\ \cdot & \cdot & \cdot \\ l_p & m_p & c \end{pmatrix} = G^{*} \qquad (1\text{-}96)$$

この変換の物理的意味は、観測軸の向きを逆転することである。しかし、この変換を行うと、特殊な場合を除き行列式の値が変わる。すなわち、観測系のよさが変わる（バイアスエラーを考慮しない場合は、観測軸を逆転しても観測系のよさは変わらない)。

(2)　右からの変換U（3×3）

大きさ（3×3）の行列U（ただし、$(\det U)^2=1$）について、Gへの右からの変換。

$$G'=GU \qquad (1\text{-}97)$$

このような変換（G→G'）に対して、$\det({}^tGG)$ は不変である。なぜなら、

$${}^tG'G'={}^tU{}^tGGU \qquad (1\text{-}98)$$

したがって、

$$\det({}^tG'G')=\det({}^tU{}^tGGU)$$

$$=(\det(U))^2\det({}^tGG)=\det({}^tGG) \tag{1-99}$$

これは、行列式$\det({}^tGG)$の変換Uに対する不変性を示している。

このような変換の具体例として、次のようなものがある。

a）　回転変換

観測系全体をそっくりそのまま観測軸同士の位置関係は変えずに平面上を回転させる変換で、例えば、次のように表される。

$$U_1=\begin{bmatrix}\cos\alpha & \sin\alpha & 0\\ -\sin\alpha & \cos\alpha & 0\\ 0 & 0 & 1\end{bmatrix} \tag{1-100}$$

ここに、αは任意の角度である。

このような変換に対して、観測系のよさは不変である。

b）　列と列の入れ替え

行列Gにおいて、第１列と第２列を入れ替える変換で、次のように表される。

$$U_2=\begin{bmatrix}0 & 1 & 0\\ 1 & 0 & 0\\ 0 & 0 & 1\end{bmatrix} \tag{1-101}$$

このような変換U_2に対してGは次のように変換される。

$$
G=\begin{bmatrix} l_1 & m_1 & c \\ l_2 & m_2 & c \\ \cdot & \cdot & \cdot \\ \cdot & \cdot & \cdot \\ l_p & m_p & c \end{bmatrix} \rightarrow \begin{bmatrix} m_1 & l_1 & c \\ m_2 & l_2 & c \\ \cdot & \cdot & \cdot \\ \cdot & \cdot & \cdot \\ m_p & l_p & c \end{bmatrix}
$$

$$
=G'=GU_2 \qquad (1\text{-}102)
$$

この物理的意味は、X軸とY軸を入れ替えること、すなわち鏡映変換である。

c)　負変換

行列Gにおいて、第１列もしくは第２列のすべての要素にマイナスを付ける変換で、例えば、１列目の負変換は次のように表される。

$$
U_3=\begin{bmatrix} -1 & 0 & 0 \\ 0 & 1 & 0 \\ 0 & 0 & 1 \end{bmatrix} \qquad (1\text{-}103)
$$

このような変換に対して、行列Fは次のように変換される。

$$
G=\begin{bmatrix} l_1 & m_1 & c \\ l_2 & m_2 & c \\ \cdot & \cdot & \cdot \\ \cdot & \cdot & \cdot \\ l_p & m_p & c \end{bmatrix} \rightarrow \begin{bmatrix} -l_1 & m_1 & c \\ -l_2 & m_2 & c \\ \cdot & \cdot & \cdot \\ \cdot & \cdot & \cdot \\ -l_p & m_p & c \end{bmatrix}
$$

$$
=G'=GU_3 \qquad (1\text{-}104)
$$

この物理的意味は、X軸を逆向きにするということで、前項と同じ鏡映変換である。

以上、本節での重要な結論を要約すると、

①観測軸を逆向きにすると、特殊な場合を除き、観測系のよさが変わる。

②平面内において、観測系を任意に回転させても観測系のよさは変わらない。

③観測系を鏡映変換しても、観測系のよさは変わらない。

5) 最適観測系であるための必要十分条件

前節までは、最適な観測系および最適でない観測系両方について成立する事柄を述べたが、本節からは、最適な観測系のみについて成り立つ事項を記す。

⑴ 問題の設定

最適観測系であるためには、すでに述べたように、det(${}^tGG$) を最大ならしめる必要がある。そこで、問題を次のように設定する。すなわち、(1-89) 式に従って、

$$\det({}^tGG) = \left| \begin{bmatrix} l^2 & lm & lc \\ \cdot & m^2 & mc \\ \cdot & \cdot & c^2 \end{bmatrix} \right| \qquad (1\text{-}105)$$

を最大にする (l, m) の条件を求める。ここに、

$$\mathbf{l}=\begin{pmatrix} l_1 \\ l_2 \\ \cdot \\ \cdot \\ l_p \end{pmatrix} \quad \mathbf{m}=\begin{pmatrix} m_1 \\ m_2 \\ \cdot \\ \cdot \\ m_p \end{pmatrix} \tag{1-106}$$

ただし、

$$(l_i)^2+(m_i)^2=1 \quad (i=1,2,\cdot\cdot\cdot,p) \tag{1-107}$$

であるので、

$$\mathbf{l}^2+\mathbf{m}^2=p \tag{1-108}$$

となることに注意する。

(2) 最適解であるための必要十分条件

アダマールの不等式により、次のことがいえる。

$$\det\begin{pmatrix} \mathbf{l}^2 & \mathbf{lm} & \mathbf{lc} \\ \cdot & \mathbf{m}^2 & \mathbf{mc} \\ \cdot & \cdot & \mathbf{c}^2 \end{pmatrix} \leqq \mathbf{l}^2\mathbf{m}^2\mathbf{c}^2 \tag{1-109}$$

ただし、等号が成り立つのは、

$$\mathbf{lm}=0 \tag{1-110}$$

$$\mathbf{lc}=0 \tag{1-111}$$

$$\mathbf{mc}=0 \tag{1-112}$$

のときである。

ところで、(1-107) 式の条件下では、(1-109) 式における$\mathbf{l}^2\mathbf{m}^2$の値は、

$$\mathbf{l}^2\mathbf{m}^2 \leqq (p/2)^2 \tag{1-113}$$

となる。ここで等号が成り立つのは、

$$\mathbf{l}^2=\mathbf{m}^2 \tag{1-114}$$

のときである。したがって、(1-113) 式を (1-109) 式に代入すれば、

$$\det\begin{bmatrix} \mathbf{l}^2 & \mathbf{lm} & \mathbf{lc} \\ \cdot & \mathbf{m}^2 & \mathbf{mc} \\ \cdot & \cdot & \mathbf{c}^2 \end{bmatrix} \leqq (p/2)^2\mathbf{c}^2 \tag{1-115}$$

を得る。この場合、等号が成り立つのは (1-110), (1-111), (1-112), (1-114) 式がともに満たされているときである。すなわち、整理すると、

【条件１】

$$(l_i)^2+(m_i)^2=1 \quad (i=1,2,\cdot\cdot\cdot,p) \tag{1-116}$$

【条件２】

$$\mathbf{lm}=0 \tag{1-117}$$

【条件３】

$$\mathbf{l}^2=\mathbf{m}^2 \tag{1-118}$$

【条件4】

$$\mathbf{l}\mathbf{c}=\mathbf{m}\mathbf{c}=0 \qquad (1\text{-}119)$$

を満たす**l**,**m**がもし存在するならば、それは上述の行列式det(^{t}GG)を最大にする最適観測軸配置の一つである。なお、上記四条件を次のようにまとめることもできる。(1-78),(1-79) 式で定義されたGについて、【条件1】の下に、

$${}^t\mathrm{G}\mathrm{G}=(\mathrm{p}/2)\mathrm{E}(3) \qquad (1\text{-}120)$$

となることが、最適観測軸配置でいるための必要十分条件である。ただし、

$$\mathbf{c}^2=\mathrm{p}/2 \qquad (1\text{-}121)$$

とした（先に（1-75）式に示されたcの値は、上式（1-121）を成立させるためである)。

（1-120）式を満足する例として、例えば、p＝3の場合、

$$(\mathbf{l},\mathbf{m})=\begin{bmatrix} 1 & 0 \\ -1/2 & -\sqrt{3}/2 \\ -1/2 & \sqrt{3}/2 \end{bmatrix} \qquad (1\text{-}122)$$

またP＝4の場合、

$$(\mathbf{l},\mathbf{m})=\begin{pmatrix}1 & 0\\ -1 & 0\\ 0 & 1\\ 0 & -1\end{pmatrix} \tag{1-123}$$

は、上記四条件をすべて満たすので最適解の一つである。さらに$p=5$の場合、

$$l_i=\cos\{2\pi(i-1)/5\} \tag{1-124}$$

$$m_i=\sin\{2\pi(i-1)/5\} \tag{1-125}$$

$$(i=1,2,3,4,5))$$

が上記四条件をすべて満たすことは、付録B（139ページ）により容易に確認できる。

$p\geqq6$の場合の最適解については、次節に示すように、すべてのpについて存在することがわかっている。したがって、$p\geqq3$なるすべてのpについて、上記四条件が最適観測軸配置であるための必要十分条件である。

ところで、バイアスエラーを考慮しない場合の必要十分条件は、上記四条件のうちの前半の三条件に一致する。したがって、バイアスエラーを考慮した本項（3.1.2）での最適解は、いうまでもなく、前半の三条件を満たしているので、バイアスエラーを考慮しない場合の最適解でもある。

(3) 四条件を満たす解の存在について

$p=3$および$p=4$、$p=5$の場合はすでに述べた。$p\geqq6$の場合の解については、次節の「最適解同士の和の規則」④によって、すべての自然数$p\geqq6$について、少なくとも一つの解が存在することを示すことができ

る。すなわち、

$p=6$の場合　$6=3+3$

$p=7$の場合　$7=3+4$

したがって、④により（次節参照のこと）$p=3$のときの最適解（既述）を二つ合わせたものは$p=6$のときの最適解であり、$p=3$のときの最適解と$p=4$のときの最適解を二つあわせたものは$p=7$のときの最適解である。以上のことを$6=3\oplus 3$、$7=3\oplus 4$と表すことにする。以下同様に、

$p=8=4\oplus 4$

$p=9=3\oplus 3\oplus 3$

$p=10=3\oplus 3\oplus 4$

$p=11=3\oplus 4\oplus 4$

このようにして、すべての自然数$p\geqq 6$は３、または、４のいずれかの和で表されることがわかる。したがって、すべての自然数$p\geqq 3$について、少なくとも一つの最適解が存在することが証明できる。

6)　最適解同士の和の規則

６）では、最適観測系に限って成立する一般的性質について述べる。

５）に述べた四条件の下における最適解同士の和の規則を次に示す。

ある一つの観測系G_1(観測軸の個数$p_1\geqq 3$）が最適解であるための条件式（1-120）を満たし、かつ、もう一つの観測系G_2(観測軸の個数$p_2\geqq 3$）が同じく条件式（1-120）を満たすなら、その和、すなわち、

$$G = \begin{bmatrix} G_1 \\ G_2 \end{bmatrix} \tag{1-126}$$

も、上述の条件式（1-120）を満たす。このことを次に明らかにする。（1-126）式により、

$${}^tGG = {}^tG_1G_1 + {}^tG_2G_2 \tag{1-127}$$

G_1, G_2がともに（1-120）式を満たすので、

$${}^tG_1G_1 = (p_1/2)E(3) \tag{1-128}$$

$${}^tG_2G_2 = (p_2/2)E(3) \tag{1-129}$$

したがって、（1-127）式に（1-128），（1-129）式を代入して、

$$\begin{aligned} {}^tGG &= \{(p_1 + p_2)/2\}E(3) \\ &= (p/2)E(3) \end{aligned} \tag{1-130}$$

を得る。これは、Gが（1-120）式を満たしていることを示している。したがって、上記観測系Gは、最適解の一つである。この意味は、

④p_1個からなる最適観測軸配置とp_2個からなる最適観測軸配置とを任意の位置関係に合わせたものは、p_1+p_2個からなる最適観測軸配置の一つである。

ということである。

7)　最適観測軸配置

最適観測軸配置を求めるには$\det({}^tGG)$を最大ならしめるG、すなわち（**l**,**m**)、つまり観測軸（l_i, m_i）の組（i=1,2,...,p）を求めればよいことはすでに述べた。そして、2) 節で記した四条件を満たす（**l**, **m**）がその解であることも述べた。ここでは、その具体解を求める。
【条件1】より、

$$l_i = \cos\theta_i, \quad m_i = \sin\theta_i \quad (i=1,2,\ldots,p) \tag{1-131}$$

としてよい。そうすると、【条件2】は、

$$\sum_{i=1}^{p} \cos\theta_i \cdot \sin\theta_i = 0 \tag{1-132}$$

となり、【条件3】は、

$$\sum_{i=1}^{p} \cos^2\theta_i = \sum_{i=1}^{p} \sin^2\theta_i \tag{1-133}$$

となり、さらに【条件4】は、

$$\sum_{i=1}^{p} \cos\theta_i = 0 \quad \sum_{i=1}^{p} \sin\theta_i = 0 \tag{1-134}$$

となる。
(1-132) 式は書き換えると、

$$\sum_{i=1}^{p} \sin 2\theta_i = 0 \qquad (1\text{-}135)$$

となり、同じく（1-133）式は、

$$\sum_{i=1}^{p} \cos 2\theta_i = 0 \qquad (1\text{-}136)$$

となる。つまり(1-134)式、(1-135)式、(1-136)式を満たすθ(i=1,2, . . . ,p)を見つければ、それが最適解ということになる。この解の一つは、

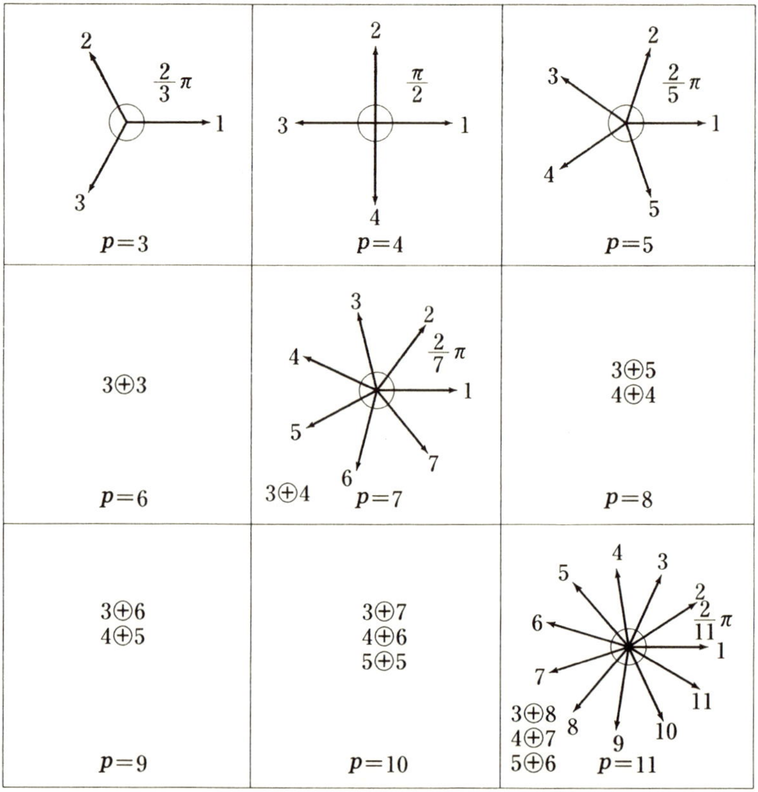

図－4

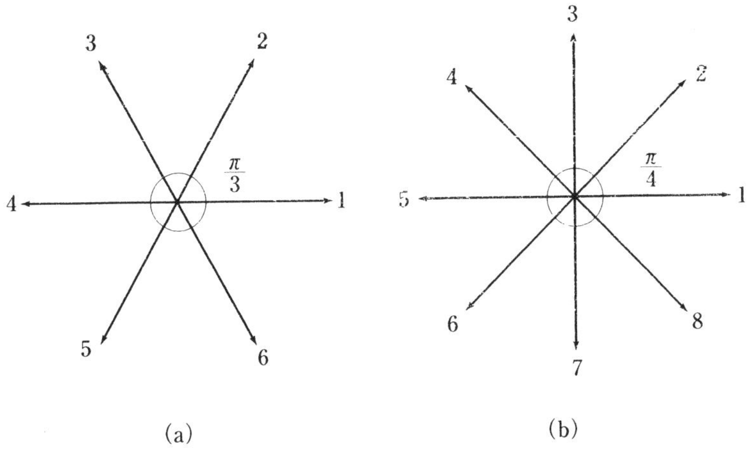

図−5

$$\theta_i = 2\pi(i-1)/p \quad (i=1,2,...,p) \qquad (1\text{-}137)$$

と表される（これが解であることは付録B（本書139ページ）による）。この解を図示すれば、図-4のようになる。図中、例えばp＝7とは、観測軸の個数が7個のときの最適観測軸配置を意味し、また、3⊕4とはp＝3のときの最適観測軸配置とp＝4のときの最適観測軸配置とを任意の位置関係に合わせた複合解であることを示す。

また、例えば、p＝6のときの最適観測軸配置は（1-137）式で表される形として、図-5(a)に示すものがあるが、これは同図中の1と3と5の観測軸の組がp＝3のときの最適観測軸配置であり、2と4と6の観測軸の組が同じくp＝3のときの最適観測軸配置であって、これはp＝3のときの最適観測軸配置が二つ特殊な位置に重なった重合解であり、基本解ではない。

同様に、p＝8のときの最適観測軸配置は（1-137）式で表される形として図-5(b)に示すものがあるが、これは同図中の１と３と５と７の観測軸の組がp＝4のときの最適観測軸配置であり、２と４と６と８の観測軸の組が同じくp＝4のときの最適観測軸配置であって、これはp＝4のときの最適観測軸配置が二つ特殊な位置に重なった重合解であり、基本解ではない。

このようなことはpが素数でないとき（p＝4を除く）に起こる。すなわち、pが４以外の素数でないときは、必ず重合解が存在する。またpが素数、もしくは４のとき、重合解（混合解ではない）は存在しない。すなわち、混合解か基本解のいずれかである。以上の事柄から、

⑤基本解は、観測軸の個数p(≧3)が素数のとき、およびp＝4のときのみ存在し、そのときの配置形は、360度をp等分する方向に観測軸を配置する形で、図-4においてp＝3,4,5,7,11の場合に示されているような形である。観測軸の個数p(≧3)が素数でないとき、およびp＝4でないときは、複合解しか存在しない。

8)　最適観測系における精度と観測効率

(1)　精度h

バイアスエラーを考慮しない場合と同様に、

$$h = p / (2\delta^2) \qquad (1\text{-}138)$$

となる。

上式は精度hが観測器の個数pに比例することを示している。つまり、観測器の個数が多くなればなるほどそれだけ精度がよくなるこを意味する。

(2)　観測効率e

バイアスエラーを考慮しない場合と同様に、

$$e = p／(2\delta^2 p\text{¥}) = 1／(2\delta^2\text{¥}) \qquad (1\text{-}139)$$

となる。この場合、¥の値はpによらず一定と考えているので、観測効率eは観測器の個数pに無関係となる。言い換えれば、p_1（任意の自然数）個の観測軸よりなる最適観測軸配置も、p_2（任意の自然数）個の観測器よりなる最適観測軸配置も、その観測効率は同じである。

9)　適用例

図-6に示された適用例は、先のバイアスエラーを考慮しない場合の適用例（図-3）と同じ気流方向測定装置である。バイアスエラーを考慮

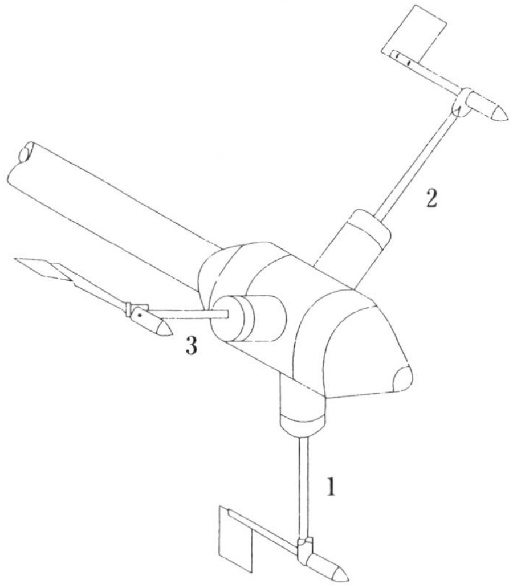

三軸α/βセンサ・システム

図−6

する場合でセンサの数が三個の場合、このような配置にすると最適である。これもきわめて単純な例であるが、今まで考えられていなかった。この例の注目すべき特徴として、ここに示された三つのセンサのうち、任意の一つのセンサが故障しても、気流方向を算出できることである。すなわち、冗長系になっている。

なお、詳細については、文献22)を参照されたい。

3.2　三次元ベクトル量計測

三次元ベクトル量とは三次元空間における位置、速度、加速度、力、角速度、角運動量などをさす。これらの量を計測するには、それぞれに応じた計測器が用いられているが、計測する量が三次元ベクトル量なので、どの量を測るにしても三個以上の計測器が必要になる。三個以上であればいくつでもよいが、ある個数を決めたとして、それらの計測器をどのような位置関係に配置したら最も適当かという問題が出てくる。これに解答すること、および、この配置に関する一般的性質を明らかにすることが本章の主要な目的である。

ただし、ベクトル量計測の一般式は（1-1）式に示されているが、本章の三次元ベクトル量計測も、前章の二次元ベクトル量計測と同様に、線形で表される場合を考察する。その測定原理を図-7に示す。

3.2.1　バイアスエラーを考慮しない場合

この問題は、A. J. Pejsa[15]がすでに一部解いている。彼の問題意識は筆者と同じである。しかし、彼の誤差に対する評価法はきわめて複雑であり、エレガントでない。そのため、見通しが悪く、最適解の一部しか解いていない。そして、他の問題、例えば、手短には次項（3.2.2）のバイアスエラーを考慮した問題等に適用することが容易でないという欠点がある。彼の方法とまったく異なる筆者の方法では、簡単に解くことができる。

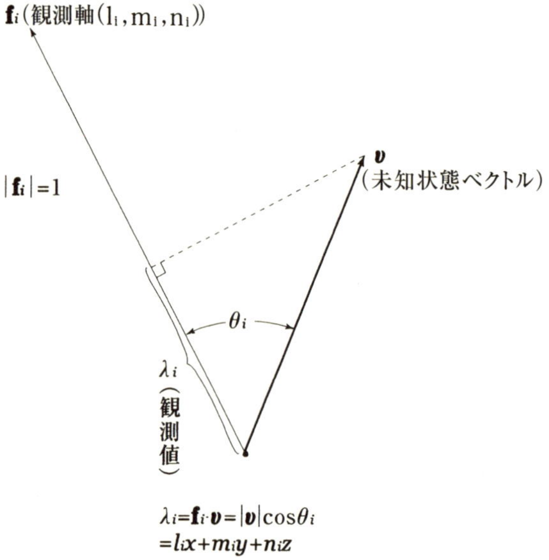

図－7

1)　観測方程式

バイアスエラーを考慮しない場合の観測方程式は、

$$\lambda_i = l_i \cdot x + m_i \cdot y + n_i \cdot z + \varepsilon_i \qquad (i=1,2,\ldots,p) \tag{2-1}$$

と与えられる。ただし、

$$(l_i)^2 + (m_i)^2 + (n_i)^2 = 1 \qquad (i=1,2,\cdots,p) \tag{2-2}$$

である。

さて、ここに観測誤差ε_iは、次の条件を満たすものと仮定する。すなわち、

【仮定1】

正規分布である。

【仮定2】

$$E(\varepsilon_i)=0 \quad (i=1,2,\cdots,p) \tag{2-3}$$

【仮定3】

$$E(\varepsilon_i \cdot \varepsilon_j)=\delta^2\delta_{ij} \quad (i,j=1,2,\cdots,p) \tag{2-4}$$

ここにδ_{ij}はクロネッカーのデルタである。

さて、観測方程式（2-1）を行列表示で示せば、

$$\begin{pmatrix} \lambda_1 \\ \lambda_2 \\ \\ \lambda_p \end{pmatrix} = \begin{pmatrix} l_1 & m_1 & n_1 \\ l_2 & m_2 & n_2 \\ \cdot & \cdot & \cdot \\ l_p & m_p & n_p \end{pmatrix} \begin{pmatrix} x \\ y \\ z \end{pmatrix} + \begin{pmatrix} \varepsilon_1 \\ \varepsilon_2 \\ \cdot \\ \varepsilon_p \end{pmatrix} \tag{2-5}$$

となる。これを行列記号で、

$$\boldsymbol{\lambda}=F\cdot\boldsymbol{\upsilon}+\boldsymbol{\varepsilon} \tag{2-6}$$

と略記することとする。ここで、(2-4) 式を考慮することにより、

$$E(\boldsymbol{\varepsilon}\cdot{}^t\boldsymbol{\varepsilon})=\delta^2E(p)=W^{-1} \tag{2-7}$$

を得る。ただし、

$\boldsymbol{\lambda}$：観測値ベクトル

F：観測系を意味する行列

$\boldsymbol{\upsilon}$：未知状態ベクトル

$\boldsymbol{\varepsilon}$：観測誤差ベクトル

E(p)：p×pの単位行列

W：重み行列

である。

2)　観測方程式の解

最尤法または重みを考慮した最小二乗法によれば、観測方程式（2-1）式の解は観測誤差（2-7）式を考慮して次のようになる。

$$\boldsymbol{\upsilon} = ({}^{t}F \cdot W \cdot F)^{-1} \cdot {}^{t}F \cdot W \cdot \boldsymbol{\lambda}$$
$$= ({}^{t}F \cdot F)^{-1} \cdot {}^{t}F \cdot \boldsymbol{\lambda} \qquad (2\text{-}8)$$

また、この解$\boldsymbol{\upsilon}$の推定誤差、すなわち分散共分散行列は、

$$\Sigma = ({}^{t}F \cdot W \cdot F)^{-1} = \delta^{2}({}^{t}F \cdot F)^{-1} \qquad (2\text{-}9)$$

である。

3)　観測系の評価

観測系の評価は、次に示す観測効率eによって決められる。観測効率eは次のように定義される。

$$観測効率e=精度h／経費g \tag{2-10}$$

ただし、

$$精度h=\{\det(\Sigma)\}^{-1/N} \tag{2-11}$$

Σ：(2-9)式に示されている。

N：行列Σの大きさ。本節の場合はN=3

経費g：未知所求量を得るために要する一切の経費

このように定義された観測効率eについて、この値が大きければ大きいほど、よい観測系である。経費gについては、これは実際には非常に複雑な式によってしか表せられないと考えられるが、本項（3.2.1）では観測器の個数pのみの関数と単純に考える。そしてさらにここでは、経費gは観測器の個数pに比例すると仮定する。すなわち、観測器一個当たりの経費を¥と表せば、

$$g=g(p)=p¥ \tag{2-12}$$

と表される。したがって、(2-10) 式より、

$$e=\det(\Sigma)^{-1/3}／p¥ \tag{2-13}$$

となる。

上式 (2-13) は、観測器の最適な個数を問題にするとき必要になる。しかし本報告では、観測器の最適な個数の問題については、本項

(3.2.1) のテーマとはしない。本項 (3.2.1) の主なテーマは、観測器の個数が同じときの観測系同士を比較評価することである。したがって、観測器の個数pが同一という条件下なら、(2-13) 式により、観測効率eはdet(Σ)のみの値によって決まる。すなわち、det(Σ)の値が小さければ小さいほど、よい観測系である。

そこで、次にdet(Σ)を計算してみる。(2-9) 式より、

$$\det(\Sigma)=\det(\delta^2({}^t FF)^{-1})$$
$$=\delta^6/\det({}^t FF) \qquad (2\text{-}14)$$

ここに、(2-5)、(2-6) 式に示すように、

$$F=\begin{pmatrix} l_1 & m_1 & n_1 \\ l_2 & m_2 & n_2 \\ \cdot & \cdot & \cdot \\ \cdot & \cdot & \cdot \\ l_p & m_p & n_p \end{pmatrix}$$
$$=(\mathbf{l},\mathbf{m},\mathbf{n}) \qquad (2\text{-}15)$$

とした。したがって、

$$\det({}^t FF)=\det\begin{pmatrix} \mathbf{l}^2 & \mathbf{lm} & \mathbf{ln} \\ \cdot & \mathbf{m}^2 & \mathbf{mn} \\ \cdot & \cdot & \mathbf{n}^2 \end{pmatrix} \qquad (2\text{-}16)$$

を得る。

観測誤差δは偶発誤差と考えているので、自己以外のどんな量とも相関しない。(2-14) 式における分母det(${}^tFF$) は観測誤差δとは無関係なので、det(Σ) を最小にするとは、

①分子δ^6を最小にする。

②分母det(${}^tFF$)を最大にする。

の二項のことにほかならない。ここで、①項については観測誤差δを小さくするということであり、問題はない。②項については、(2-16) 式より、この値を最大にするような (l,m,n) つまり観測軸の方向 (l_i, m_i, n_i) の組 (i=1,2,…,p) を見つければ、それが最適観測軸配置の解ということになる。

4) 観測軸配置の一般的性質

最適観測軸配置を見つける前に、観測軸配置に関する一般的性質を明らかにしておく。

観測軸配置はすでに述べたとおり行列Fで表され、観測系のよさはdet(${}^tFF$)で表された。この観測軸配置Fに対する変換について、二次元ベクトル量計測の場合と同様な考えの下で、次のことがいえる。

①観測軸を逆向きにしても、観測系のよさは変わらない。

②空間内において、観測系を任意に回転させても観測系のよさは変わらない。

③観測系を鏡映変換しても、観測系のよさは変わらない。

5) 最適観測軸配置の解

最適観測軸配置を求めるには、det(${}^tFF$) を最大にするFを求めればよいことはすでに述べた。これに基づいて次のことがいえる。二次元ベクトル量計測の場合と同じように考えて、

④p_1個の観測軸よりなる最適観測軸配置と、p_2個の観測軸よりなる最適観測軸配置と合わせたものは、(p_1+p_2) 個の観測軸よりなる最適観測軸配置の一つである。

また、アダマールの定理を用いるなどして、最適解を求めることができる。

⑤最適観測軸配置の一部を図-8から図-11に示す。なお、図-9は３軸直交系と一致する。

6)　最適観測系における精度と観測効率

(1)　精度h

二次元ベクトル量計測の場合と同様にして、

$$h = p / (3\delta^2) \tag{2-17}$$

となる。上式は、精度hが観測器の個数pに比例することを示している。

(2)　観測効率e

二次元ベクトル量計測と同様にして、

$$e = 1 / (3\delta^2 ¥) \tag{2-18}$$

が得られる。これは、最適観測系においては観測効率が観測器の個数によらないことを示している。

なお、本項（3.2.1）の詳細については、文献16)「三次元ベクトル量計測における最適観測軸配置について」を参照されたい。

p個の観測軸

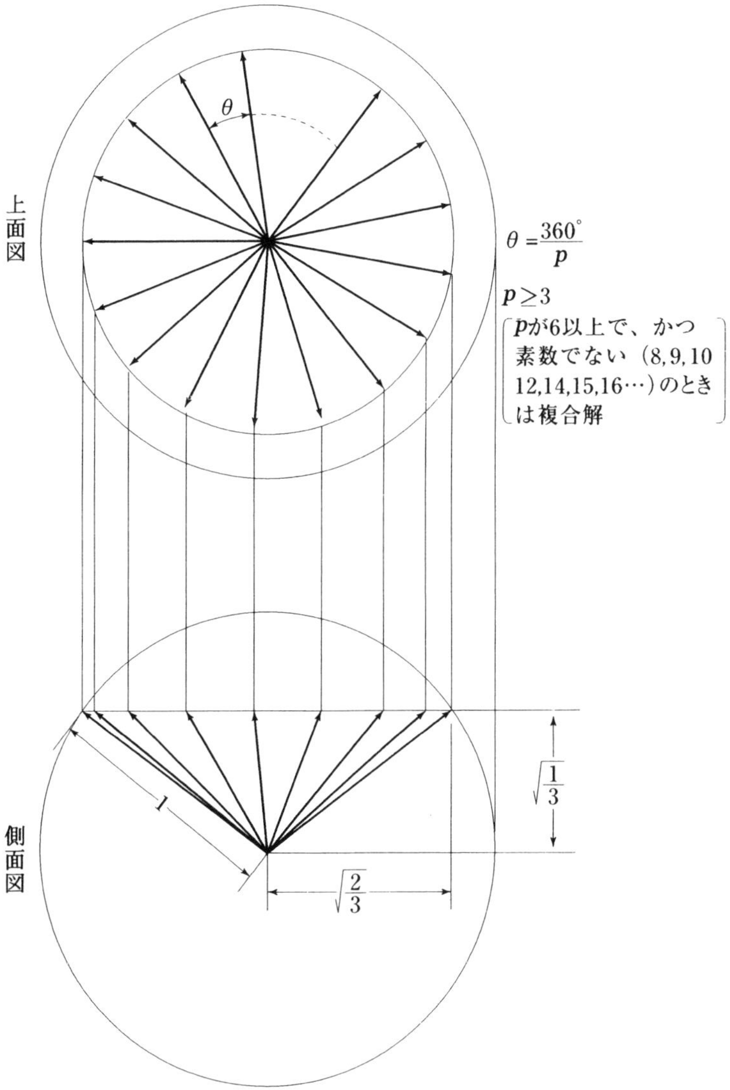
θ
上面図
$\theta = \frac{360^\circ}{p}$
$p \geq 3$
（pが6以上で、かつ素数でない（8,9,10 12,14,15,16…）のときは複合解）
1
$\sqrt{\frac{1}{3}}$
側面図
$\sqrt{\frac{2}{3}}$

図−8

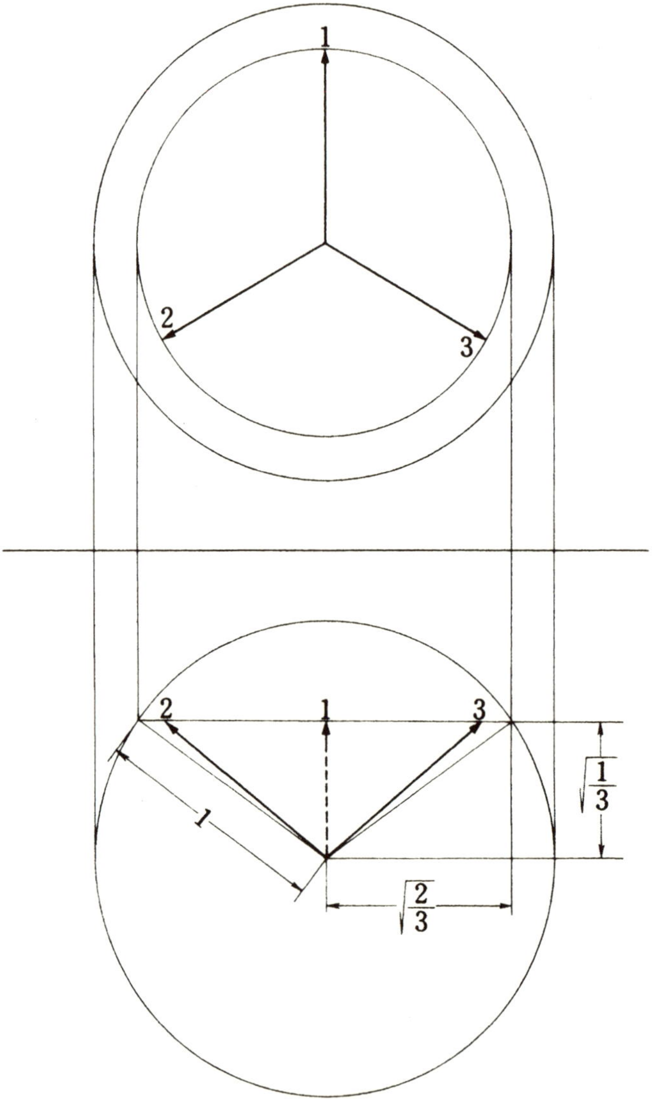

図−9　p=3の場合

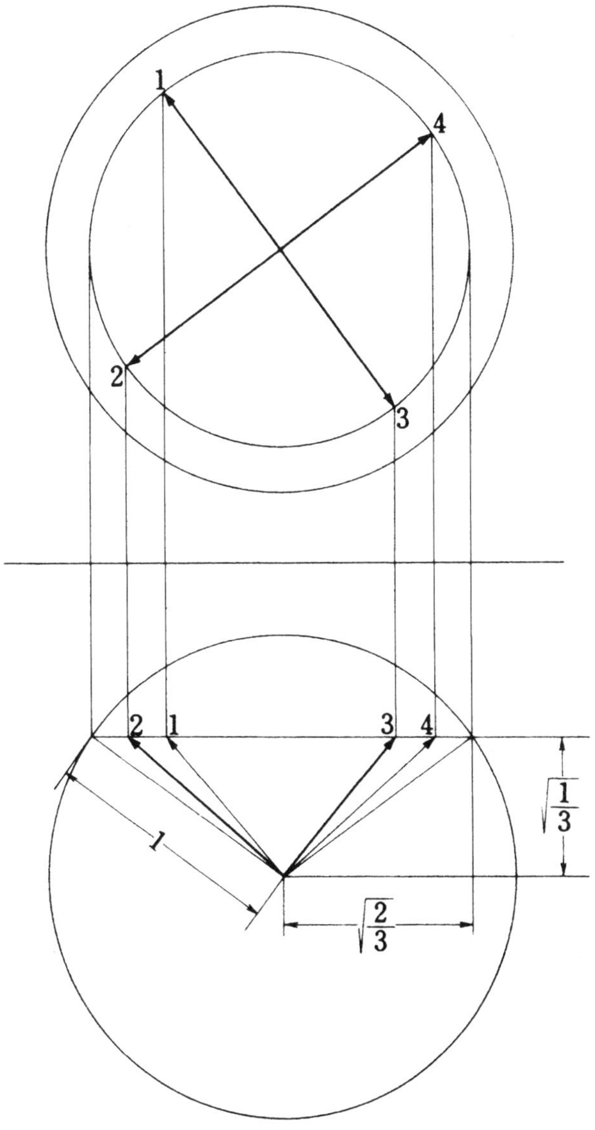

図−10 $p=4$の場合

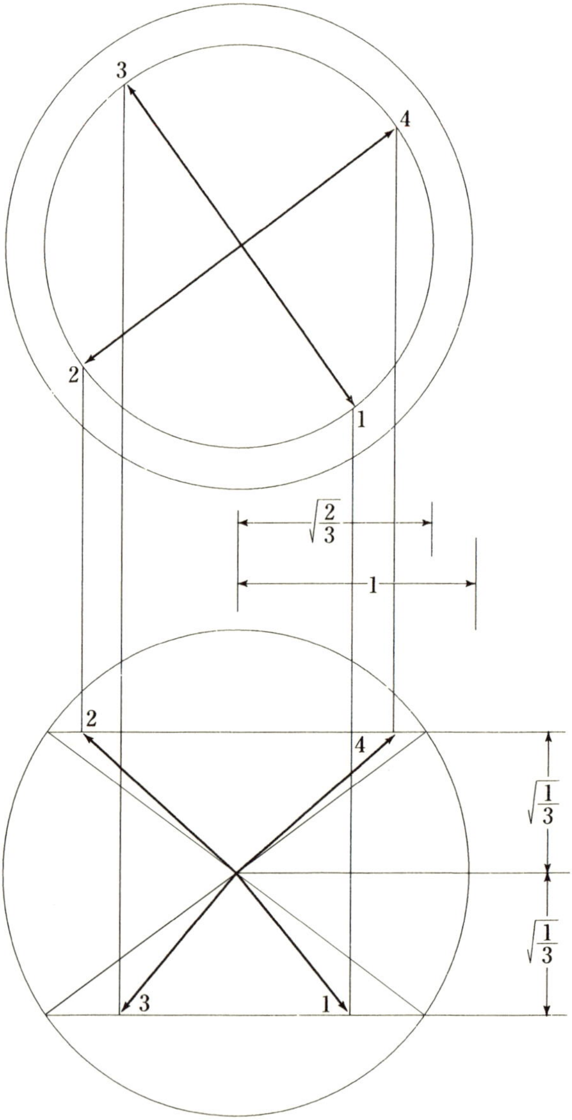

図－11　テトラポッド

3.2.2　バイアスエラーを考慮する場合

1)　観測方程式

バイアスエラーを考慮した場合の観測方程式は（2-1）式にバイアスエラーを付加して、

$$\lambda_i = l_i \cdot x + m_i \cdot y + n_i \cdot z + c \cdot \Delta + \varepsilon_i \quad (i = 1, 2, \cdots, p) \tag{2-19}$$

と与えられる。ただし、

$$(l_i)^2 + (m_i)^2 + (n_i)^2 = 1 \quad (i = 1, 2, \cdots, p) \tag{2-20}$$

である。

なお、バイアスエラーを単にΔと表記せず、それに係数cを付け$c \cdot \Delta$としたのは、単に後の計算の都合のためである。このcの値は、実は後に示すように、

$$c = \sqrt{3}/3 \tag{2-21}$$

という一定数にすると都合がよいが、この一定数は、どのような値に設定されたとしても、バイアスエラーの値を求める際、あるいは観測系を評価する際、何の不都合も生じさせない。

さて、ここに観測誤差ε_iは、次の条件を満たすものと仮定する。すなわち、

【仮定１】

正規分布である。

【仮定２】

$$E(\varepsilon_i)=0 \quad (i=1,2,\cdots,p) \tag{2-22}$$

【仮定３】

$$E(\varepsilon_i \cdot \varepsilon_j)=\delta^2\delta_{ij} \quad (i,j=1,2,\cdots,p) \tag{2-23}$$

ここに、δはクロネッカーのデルタである。

さて、観測方程式（2-19）を行列表示で示せば、

$$\begin{bmatrix} \lambda_1 \\ \lambda_2 \\ \\ \\ \lambda_p \end{bmatrix} = \begin{bmatrix} l_1 & m_1 & n_1 & c \\ l_2 & m_2 & n_2 & c \\ \cdot & \cdot & \cdot & \cdot \\ \cdot & \cdot & \cdot & \cdot \\ l_p & m_p & n_p & c \end{bmatrix} \begin{bmatrix} x \\ y \\ z \\ \Delta \end{bmatrix} + \begin{bmatrix} \varepsilon_1 \\ \varepsilon_2 \\ \cdot \\ \cdot \\ \varepsilon_p \end{bmatrix} \tag{2-24}$$

となる。これを行列記号で、

$$\boldsymbol{\lambda}=G\cdot\boldsymbol{\omega}+\boldsymbol{\varepsilon} \tag{2-25}$$

と略記することとする。ここで（2-23）式を考慮することにより、

$$E(\boldsymbol{\varepsilon}\cdot{}^t\boldsymbol{\varepsilon})=\delta^2E(p)=W^{-1} \tag{2-26}$$

を得る。ただし、

$\boldsymbol{\lambda}$：観測値ベクトル

G：観測系を意味する行列

$\boldsymbol{\omega}$：未知状態ベクトル

$\boldsymbol{\varepsilon}$：観測誤差ベクトル

E(p)：p×pの単位行列

W：重み行列

である。

ここで注意すべきことは、未知状態ベクトル$\boldsymbol{\omega}$が（2-24）式に示すようにバイアスエラーを考慮したため、四次元ベクトル量になっていることである。これが、バイアスエラーを考慮しない場合との本質的な違いである。

2)　観測方程式の解

最尤法または重みを考慮した最小二乗法によれば、観測方程式（2-25）式の解は観測誤差（2-26）式を考慮して次のようになる。

$$\begin{aligned}\boldsymbol{\omega} &= ({}^{t}G \cdot W \cdot G)^{-1} \cdot {}^{t}G \cdot W \cdot \boldsymbol{\lambda} \\ &= ({}^{t}G \cdot G)^{-1} \cdot {}^{t}G \cdot \boldsymbol{\lambda} \qquad (2\text{-}27)\end{aligned}$$

また、この解$\boldsymbol{\omega}$の推定誤差、すなわち分散共分散行列は、

$$\Sigma = ({}^{t}G \cdot W \cdot G)^{-1} = \delta^{2} ({}^{t}G \cdot G)^{-1} \qquad (2\text{-}28)$$

となる。

上記の（2-28）式を見ると、よく知られているように、$\det({}^tGG)\neq0$ でありさえすれば未知状態量**ω**は求まる。つまり、三次元ベクトル量（x, y, z）のみならず、バイアスエラーΔも求まる。例えば、図-10の場合は$\det({}^tGG)=0$であり、バイアスエラーをも求めることはできない。また、$\det({}^tGG)$ の値が大きければ大きいほどよい観測系ということは、すでに明らかになっている。ちなみに図-11の場合は$p=4$の条件下で$\det({}^tGG)$が最大となり、最適観測系の一つということができる。

3）　観測系の評価

観測系の評価は、次に示す観測効率eによって決められる。観測効率eは次のように定義される。

観測効率e＝精度h／経費g　　　(2-29)

ただし、

精度h＝$\{\det(\Sigma)\}^{-1/N}$　　　(2-30)

Σ：（2-28）式に示されている。

N：行列Σの大きさ。本節の場合は$N=4$

経費g：未知所求量を得るために要する一切の経費

このように定義された観測効率eについて、この値が大きければ大きいほど、よい観測系である。経費gについては、これは実際には非常に複雑な式によってしか表せられないと考えられるが、本項（3.2.2）では観測器の個数pのみの関数と単純に考える。そしてさらに、ここでは経費gは観測器の個数pに比例すると仮定する。すなわち、観測器一個

当たりの経費を¥と表せば、

$$g=g(p)=p¥ \tag{2-31}$$

と表される。したがって（2-29）式より、

$$e=\det(\Sigma)^{-1/4}/p¥ \tag{2-32}$$

となる。

上式（2-32）は、観測器の最適な個数を問題にするとき必要になる。しかし本項（3.2.2）では、観測器の最適な個数の問題については主なテーマとはしない。本項（3.2.2）の主なテーマは、観測器の個数が同じときの観測系同士を比較評価することである。したがって、観測器の個数pが同一という条件下なら、(2-32）式により、観測効率eはdet(Σ)のみの値によって決まる。すなわち、det(Σ)の値が小さければ小さいほど、よい観測系である。

そこで、次にdet(Σ)を計算してみる。(2-28）式より、

$$\begin{aligned}\det(\Sigma)&=\det(\delta^2({}^t GG)^{-1})\\&=\delta^8/\det({}^t GG)\end{aligned} \tag{2-33}$$

ここに、(2-24)、(2-25）式に示すように、

$$G=\begin{bmatrix} l_1 & m_1 & n_1 & c \\ l_2 & m_2 & n_2 & c \\ \cdot & \cdot & \cdot & \cdot \\ \cdot & \cdot & \cdot & \cdot \\ l_p & m_p & n_p & c \end{bmatrix}$$

$$=(\mathbf{l},\mathbf{m},\mathbf{n},\mathbf{c}) \qquad (2\text{-}34)$$

とした。したがって、

$$\det({}^tGG)=\left|\begin{bmatrix} \mathbf{l}^2 & \mathbf{lm} & \mathbf{ln} & \mathbf{lc} \\ \cdot & \mathbf{m}^2 & \mathbf{mn} & \mathbf{mc} \\ \cdot & \cdot & \mathbf{n}^2 & \mathbf{nc} \\ \cdot & \cdot & \cdot & \mathbf{c}^2 \end{bmatrix}\right| \qquad (2\text{-}35)$$

を得る。

観測誤差δは偶発誤差と考えているので、自己以外のどんな量とも相関しない。(2-33) 式における分母$\det({}^tGG)$は観測誤差δとは無関係なので、$\det(\Sigma)$を最小にするとは、

①分子δ^8を最小にする。

②分母$\det({}^tGG)$を最大にする。

の二項のことにほかならない。ここで、①項については観測誤差δを小さくするということであり、問題はない。②項については、(2-35) 式より、この値を最大にするような ($\mathbf{l},\mathbf{m},\mathbf{n}$) つまり観測軸の方向 ($l_i$, m_i, n_i) の組 ($i=1,2,\cdots,p$) を見つければ、それが最適観測軸配置の解ということになる。

4)　観測系を等価に保つ変換

バイアスエラーを考慮しない場合と同様の考えで、次のことがいえる。

①観測軸を逆向きにすると、特殊な場合を除き、観測系のよさが変わる。

②空間内において観測系を任意に回転させても、観測系のよさは変わらない。

③観測系を鏡映変換しても、観測系のよさは変わらない。

5)　最適観測軸配置

前節（3.2）と同様にして、次のことがいえる。

④p_1個の観測軸よりなる最適観測軸配置と、p_2個の観測軸よりなる最適観測軸配置と合わせたものは、（p_1+p_2）個の観測軸よりなる最適観測軸配置の一つである。

また、アダマールの定理等を用いて、最適解を得ることができる。

⑤最適解の一部を図-12から図-15に示す。

6)　最適観測系における精度と観測効率

(1)　精度h

前節（3.2）のバイアスエラーを考慮しない三次元ベクトル量計測の場合と同様にして、

$$h=p/(3\delta^2) \qquad (2\text{-}36)$$

となる。上式は、精度hが観測機の個数pに比例することを示している。

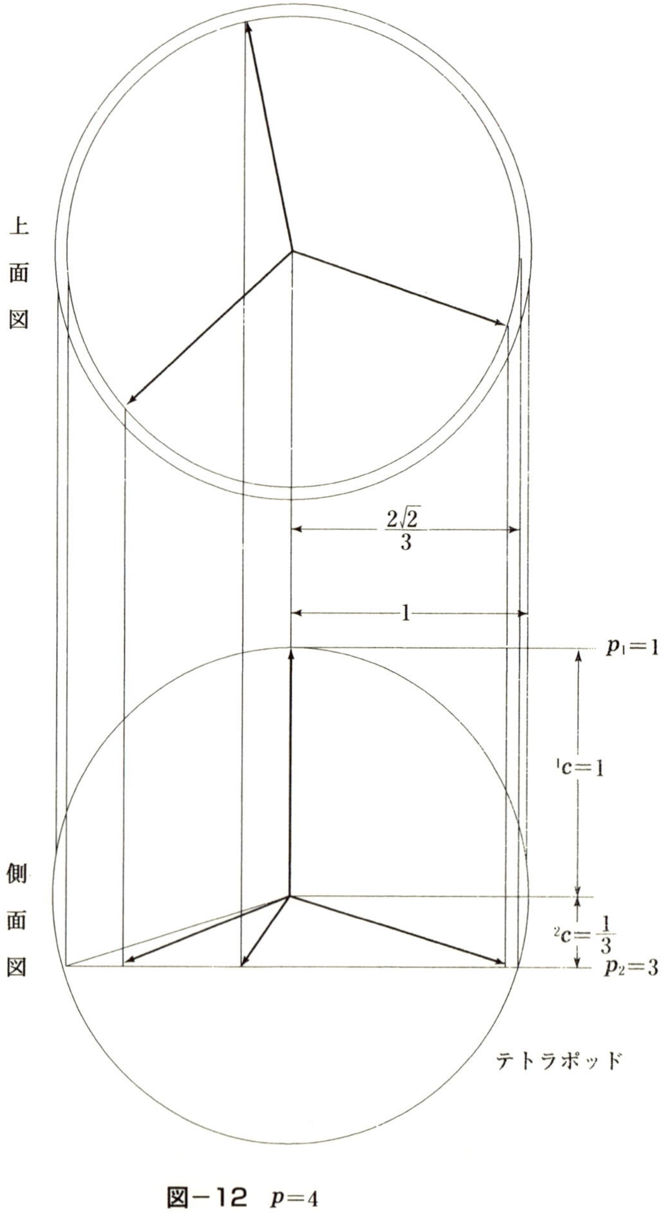

図−12　$p=4$

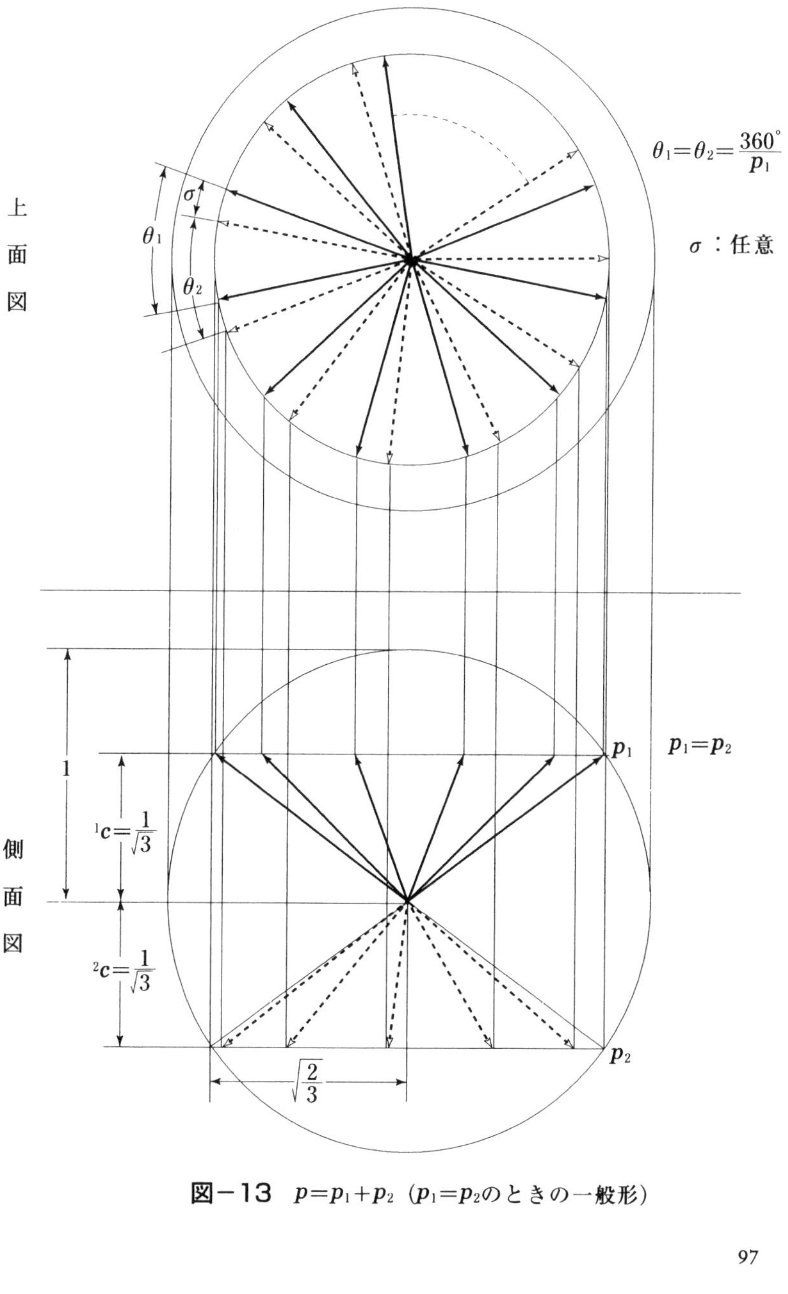

図−13　$p=p_1+p_2$（$p_1=p_2$のときの一般形）

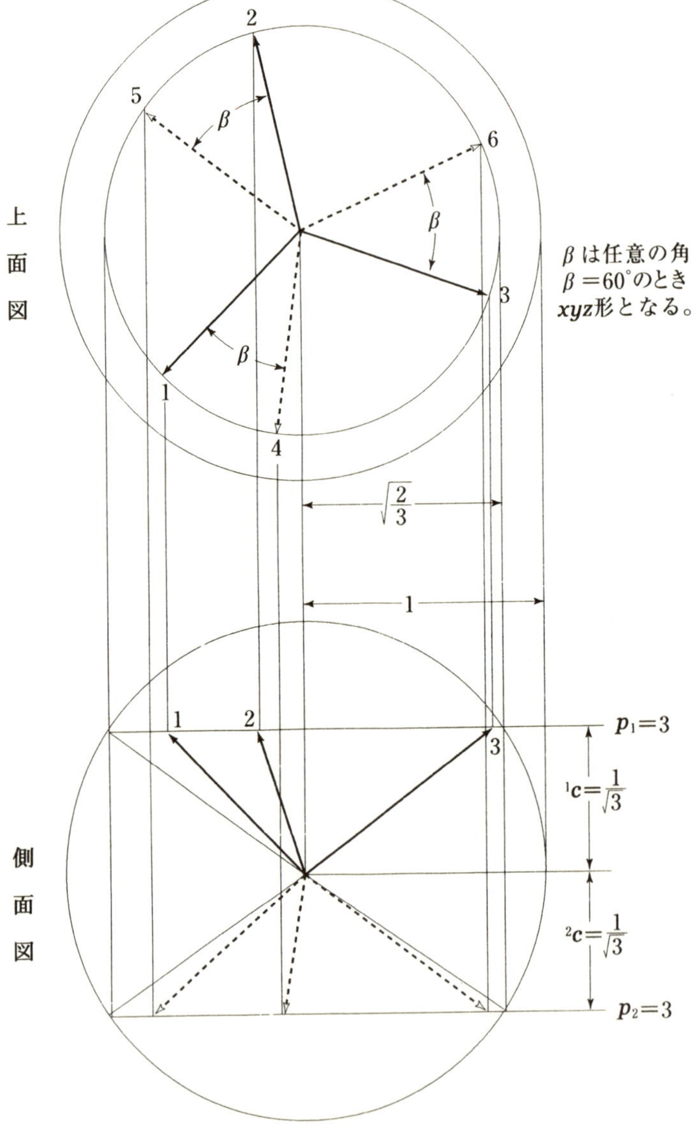

上
面
図
側
面
図
2
5
β
6
β
βは任意の角
β=60°のとき
xyz形となる。
3
β
1
4
√(2/3)
1
1
2
3
p₁=3
¹c=1/√3
²c=1/√3
p₂=3

図−14 $p=6$

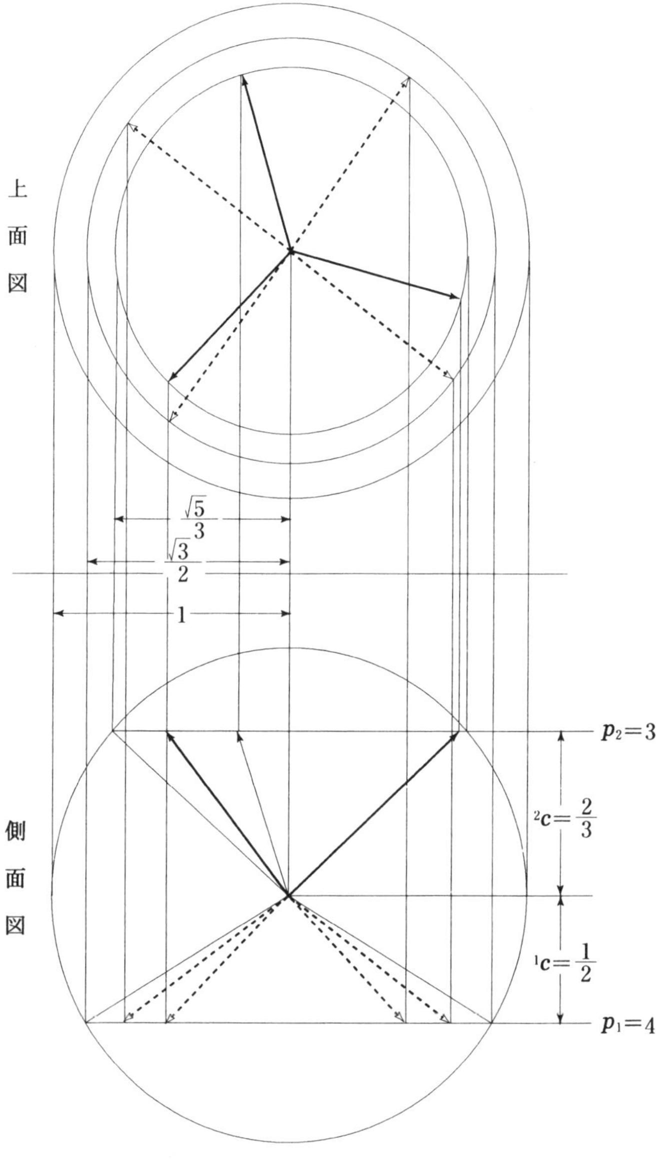

図−15 $p=7$

⑵ 観測効率e

前項（3.2.1）の三次元ベクトル量計測と同様にして、

$$e=1/(3\delta^2¥) \qquad (2\text{-}37)$$

が得られる。これは、最適観測系においては、観測効率が観測器の個数によらないことを示している。

なお、本項（3.2.2）の詳細については文献17)「バイアスエラーを考慮した三次元ベクトル量計測における最適観測軸配置について」を参照されたい。

3.3　n次元ベクトル量計測

バイアスエラーを考慮する場合で、n=3,p=5のとき、p≠5の場合と同じ観測効率最大の解は存在しない。nが偶数のときは、バイアスエラーを考慮するしないにかかわらず、次節（3.4）で示されるように、観測効率最大の解が存在する。では、一般的にはどうなるのだろうか。この問題は少々数学的過ぎるので省略させていただくが、厳密に解かれていることは間違いない。

さて、一般にn次元ベクトル量計測の問題は実は、次節（3.4）のフーリエ級数の係数決定の問題と同一なのである。但し、nが奇数の場合は、フーリエ級数を複合的に重ね合わせる必要が出て来る。

3.4　フーリエ級数の係数決定

あるデータの曲線がフーリエ級数によって表されるという現象は数多い。そのとき、級数の各係数が求まれば、その曲線は確定したことになる。係数の求め方は最小二乗法によることが多い。このことは、最小自乗法による曲線の最適フィッティングと呼ばれる。

この方法をもう少し具体的に説明するならば、横軸をθとし、縦軸をλとするとき、いくつかの$\theta_i$$(i=1,2,\cdots,p)$に対する$\lambda_i$を測り、これらの値から残差の二乗和が最小となるように各係数を計算するものである。このとき$\theta_i$$(i=1,2,\cdots,p)$のとり方に大幅な自由度がある。ここでは、最適な$\theta_i$ $(i=1,2,\cdots,p)$のとり方について述べる。

1)　観測方程式

次のように観測方程式を設定する。

$$\lambda_i = a_0 / \sqrt{2} + \sum_{n=1}^{m} (a_n \cos n\theta_i + b_n \sin n\theta_i) + \varepsilon_i \qquad (4\text{-}1)$$
$$(i=1,2,\cdots,p \geqq 2m+1)$$

ここに、

λ_i：観測値

θ_i：観測点

a_n：未知状態ベクトル（$n=0,1,2,\cdots,m$）

b_n：未知状態ベクトル（$n=1,2,\cdots,m$）

m：フーリエ級数の長さ

ε_i：観測誤差

i：観測の番号

p：観測の個数

ただし、上式（4-1）の右辺第一項に$\sqrt{2}$が用いられている。普通は、単に、$\sqrt{\ }$のない2が用いられる。なぜそのようにしたかは、後に説明する。

さて、観測方程式（4-1）を行列表示で表せば、

$$\boldsymbol{\lambda} = G\boldsymbol{\omega} + \boldsymbol{\varepsilon} \tag{4-2}$$

となる。ここに、

$$\boldsymbol{\lambda} = \begin{bmatrix} \lambda_1 \\ \lambda_2 \\ \cdot \\ \lambda_p \end{bmatrix} \quad (4\text{-}3) \qquad \boldsymbol{\varepsilon} = \begin{bmatrix} \varepsilon_1 \\ \varepsilon_2 \\ \cdot \\ \varepsilon_p \end{bmatrix} \quad (4\text{-}4)$$

$$\boldsymbol{\omega} = \begin{bmatrix} a_0 \\ a_1 \\ b_1 \\ \cdot \\ \cdot \\ a_m \\ b_m \end{bmatrix} \tag{4-5}$$

$$G = (C^0, C^1, S^1, C^2, S^2 \cdot \cdot \cdot C^m, S^m) \tag{4-6}$$

ただし、

$$C^0 = \begin{bmatrix} 1/\sqrt{2} \\ 1/\sqrt{2} \\ \cdot \\ 1/\sqrt{2} \end{bmatrix} \qquad (4\text{-}7) \qquad C^n = \begin{bmatrix} \cos n\theta_1 \\ \cos n\theta_2 \\ \cdot \\ \cos n\theta_p \end{bmatrix} \qquad (4\text{-}8)$$

$$S^n = \begin{bmatrix} \sin n\theta_1 \\ \sin n\theta_2 \\ \cdot \\ \sin n\theta_p \end{bmatrix} \qquad n=1,2,\cdot\cdot\cdot,m \qquad (4\text{-}9)$$

と定義する。このとき観測方程式の解は、

$$\boldsymbol{\omega} = ({}^t GG)^{-1} \cdot {}^t G \boldsymbol{\lambda} \qquad (4\text{-}10)$$

$$\Sigma = \delta^2 ({}^t GG)^{-1} \qquad (4\text{-}11)$$

となる。

2) 最適観測点配置

ここでは論証抜きで最適配置を示す。

$$p \geqq 2m+1 \qquad (4\text{-}12)$$

なるpについて、

$$\theta_i = \{2\pi(i-1) / p\} + \alpha \quad (i=1,2,\cdots,p) \qquad (4\text{-}13)$$

上式が最適観測点配置である。これは、360度をp等分する形である。ただし、αは任意の角度である。(4-13)式が最適解であることは、付録Bの結果を活用して証明することができるが、既述のごとく省略する。

この問題は、すでに述べたn次元ベクトル量計測の問題を包含する。すなわちこれは、バイアスエラーを考慮しない偶数次元および奇数次元ベクトル量計測を包含し、さらに、バイアスエラーを考慮する偶数次元のベクトル量計測を包含する。バイアスエラーを考慮する奇数次元の場合については、これらを基礎にして、ほとんどの場合最適観測点配置を構成することができるが、特殊の場合、最大効率の最適解を構成できない。

3)　最適系における観測方程式の解

観測方程式の解の形は(4-10)式で示されている。同式の中の${}^tGG$は、最適系において次のように与えられる。

$${}^tGG = (p/2)E(p) \qquad (4\text{-}14)$$

ここに、E(p)はp×pの単位行列である。先に言及したフーリエ級数の第一項を$a_0/2$とせず、$a_0/\sqrt{2}$としたのは、上式のように、ちょうどE(p)となるようにするためであった。このようにすると、観測方程式の解は(4-10)式と(4-14)式より、

$$\boldsymbol{\omega} = (p/2)\,{}^{t}G\boldsymbol{\lambda} \qquad (4\text{-}15)$$

と簡単に表される。すなわち、最も厄介となる $({}^{t}GG)^{-1}$ の計算が最適系において最も簡単な形になっている。

3.5 質量測定

これは実験計画法の初歩的問題である。この問題を本理論の立場から考察する。

両皿天秤および単皿天秤を用いて、質量を測定する場合を考える。両者とも偏り（バイアス）のある天秤とする。

3.5.1 両皿天秤による場合

1) 観測方程式

$$y_i = a_{i1}\ m_1 + a_{i2}\ m_2 + \cdots + a_{ik}\ m_k + \Delta + \varepsilon_i \qquad (5\text{-}1)$$
$$(i = 1, 2, \cdots, n \geqq k+1)$$

ここに、

y_i：測定値（分銅の重さ）

i：測定番号

n：測定回数

$$a_{ij} = \begin{cases} +1：右の皿に載せる \\ \ \ 0：皿に載せない \\ -1：左の皿に載せる \end{cases}$$

m_j：物体の質量（未知状態量）

j：物体の番号

k：物体の個数

Δ：偏り（未知所求量の一つと考える）

ε_1：測定誤差；$N(0,\delta^2)$と仮定する。

(5-1)式を行列表示で、

$$\mathbf{y}=A_1\mathbf{m}_\Delta+\boldsymbol{\varepsilon} \tag{5-2}$$

ここに、

$$^t(\mathbf{m}_\Delta)\equiv(m_1,m_2,\cdot\cdot\cdot m_k,\Delta)$$

$$A_1\equiv\begin{bmatrix} a_{11} & a_{12} & \cdot & a_{1k} & 1 \\ a_{21} & a_{22} & \cdot & a_{2k} & 1 \\ \cdot & \cdot & \cdot & \cdot & \cdot \\ \cdot & \cdot & \cdot & \cdot & \cdot \\ \cdot & \cdot & \cdot & \cdot & \cdot \\ \cdot & \cdot & \cdot & \cdot & \cdot \\ a_{n1} & a_{n2} & \cdot & a_{nk} & 1 \end{bmatrix} \tag{5-3}$$

(5-2) 式を最小二乗法で解いて、

$$\mathbf{m}_\Delta=({}^tA_1\cdot A_1)^{-1}\cdot{}^tA_1\cdot\mathbf{y} \tag{5-4}$$

$$\Sigma=\delta^2\cdot({}^tA_1\cdot A_1)^{-1} \tag{5-5}$$

となる。

2)　観測系の評価

ここではコストを考慮せず、精度のみの評価を行う。したがって、観測系の評価は、

$$\det(\Sigma)=\delta^{2(k+1)}/\det({}^tA_1\cdot A_1) \qquad (5\text{-}6)$$

の値が小さければ小さいほどよい。したがって、(5-6) 式の分母det(${}^tA_1\cdot A_1$) を最大にするA_1を求めればよい。n=k+1のときは正方行列であるが、このとき、アダマール行列と呼ばれる行列は最適解の一つである。ただしこれは、nが2かnが4の倍数のときに限られる。このアダマール行列について、n>k+1のとき長方行列となるが、この行列のなかのある列の要素がすべて+1である列と、その他の任意のk個の列からなる行列は最適解である。'長方'アダマール行列は従来重要視されていなかったが、冗長システムとして意味がある。

3) 最適解の具体例

物体の個数k=4,測定回数n=8の場合の具体例。+1を単に+と表し、−1を同じく−で表す。最適解A_1^*の一つは

$$A_1^*=\begin{pmatrix} + & + & + & + & + \\ - & + & - & + & + \\ + & - & - & + & + \\ - & - & + & + & + \\ + & + & + & - & + \\ - & + & - & - & + \\ + & - & - & - & + \\ - & - & + & - & + \end{pmatrix} \qquad (5\text{-}7)$$

と表される。

3.5.2　単皿天秤による場合

1)　観測方程式

$$y_i = b_{i1}\ m_1 + b_{i2}\ m_2 + \cdot\cdot\cdot + b_{ik}\ m_k + \Delta + \varepsilon_i \qquad (i=1,2,\cdot\cdot\cdot,n \geqq k+1) \tag{5-8}$$

ここに、次に示す記号以外の記号は、両皿天秤の場合と同様である。

$$b_{ij} = \begin{cases} 1：皿に載せる \\ 0：皿に載せない \end{cases} \tag{5-9}$$

(5-8) 式を行列表示で、

$$\mathbf{y} = B_1 \mathbf{m}_\Delta + \boldsymbol{\varepsilon} \tag{5-10}$$

ここに、

$$B_1 \equiv \begin{bmatrix} b_{11} & b_{12} & \cdot & b_{1k} & 1 \\ b_{21} & b_{22} & \cdot & b_{2k} & 1 \\ \cdot & \cdot & \cdot & \cdot & \cdot \\ \cdot & \cdot & \cdot & \cdot & \cdot \\ \cdot & \cdot & \cdot & \cdot & \cdot \\ \cdot & \cdot & \cdot & \cdot & \cdot \\ b_{n1} & b_{n2} & \cdot & b_{nk} & 1 \end{bmatrix} \tag{5-11}$$

(5-10) 式を最小二乗法で解いて、

$$\mathbf{m}_{\varDelta}=({}^{t}B_1\cdot B_1)^{-1}\cdot{}^{t}B_1\cdot\mathbf{y} \tag{5-12}$$

$$\Sigma=\delta^2\cdot({}^{t}B_1\cdot B_1)^{-1} \tag{5-13}$$

となる。

2)　観測系の評価

ここではコストを考慮せず、精度のみの評価を行う。したがって、観測系の評価は次式によって行われる。

$$\det(\Sigma)=\delta^{2(k+1)}/\det({}^{t}B_1\cdot B_1) \tag{5-14}$$

この値が小さいほどよい。したがって、上式の分母$\det({}^{t}B_1\cdot B_1)$を最大にする$B_1\{n\times(k+1)\}$を求めればよい。

今、C_1を$+1$と-1だけを要素とする行列（アダマール行列を含む）とし、最後の列の要素はすべて$+1$とする。また、C_1の大きさはB_1と同じとする。かつ、そのときのC_1は、B_1の要素の1を$+1$に0を-1に変換したものとする。または、B_1の最後の列を除く部分の1を-1に、0を$+1$に変換したものとする。

そうすると、次のような関係がある。

$$\det({}^{t}B_1\cdot B_1)=(1/2)^{2k}\det({}^{t}C_1\cdot C_1) \tag{5-15}$$

したがって、$\det({}^{t}B_1\cdot B_1)$を最大にするということは$\det({}^{t}C_1\cdot C_1)$を

最大にすることに等しい。det($^tC_1 \cdot C_1$)を最大にするC_1には正方または長方アダマール行列が含まれる。すなわち、アダマール行列を基に最適B_1が求まる。

3) 最適解の具体例

物体の個数k＝4、測定の回数n＝8の場合、前節の（5-7）式の最後列の＋はそのままで、その他の＋を０に、－を１にして最適なB_1^*が求まる。

$$B_1^* = \begin{pmatrix} 0 & 0 & 0 & 0 & 1 \\ 1 & 0 & 1 & 0 & 1 \\ 0 & 1 & 1 & 0 & 1 \\ 1 & 1 & 0 & 0 & 1 \\ 0 & 0 & 0 & 1 & 1 \\ 1 & 0 & 1 & 1 & 1 \\ 0 & 1 & 1 & 1 & 1 \\ 1 & 1 & 0 & 1 & 1 \end{pmatrix} \tag{5-16}$$

（5-16）式の最適解の具体例について、この行列の第一行目は、皿に物体を載せず、偏りΔのみを測定することを意味する。これは、秤のゼロ点較正のことである。

3.6 BIBDの理論化

実験計画法の一分野にBIBD（均衡不完備ブロック計画）がある。これの理論化を試みる。

n人の学生の卒業研究について、毎週一回、そのうちから何人かを選んで組をつくり、共同研究させ、その結果を発表させることにした。m週で終わらせることにした場合、最良の組み合わせはどのようになるだろうか。

この問題は筆者独自に創った設問でないが、これを本理論の立場で解く。この問題は、n人の学生の力量を測定するための観測系に関する問題であると考える。

簡単のため、次の仮定を置く。i回目の研究成績をs_iとし、個々の学生の力量をx_jとして、

$$S_i = \sum_{j=1}^{n} h_{ij} x_j \quad (i=1,2,\ldots,m) \qquad (6\text{-}1)$$

$$h_{ij} = \begin{cases} 1：\text{i回目にj番目の学生が共同研究に参加したとき} \\ 0：\text{そうでないとき} \end{cases} \qquad (6\text{-}2)$$

上式（6-1）は共同効果を無視している。無視したくない場合には、それをランダムな誤差と考えればよい。

なお、ここで興味深いことは、共同研究論文を採点することにより、下記観測方程式に従って、個々の学生の力量を計算することができることである。

3.6.1　バイアスを考慮しない場合

1)　観測方程式

上式（6-1）に誤差を付加し、かつ、行列表示で、

$$\mathbf{s} = \mathrm{H}\mathbf{x} + \boldsymbol{\varepsilon} \tag{6-3}$$

と表す。ここに、

$\mathbf{s}$：採点値（観測値）

$\mathbf{x}$：学生の力量（未知状態ベクトル）

$\boldsymbol{\varepsilon}$：採点誤差（観測誤差）

H：組み合わせ行列（観測系）

である。

2)　観測系の評価

ここでは、コストを無視して、精度のみの評価を行う。

未知状態ベクトルxの分散共分散行列をΣとすると、

$$\Sigma = ({}^{t}\mathrm{HWH})^{-1} \tag{6-4}$$

ここに、

$$\mathrm{W} = (\mathrm{E}(\boldsymbol{\varepsilon}{}^{t}\boldsymbol{\varepsilon}))^{-1} = \delta^{-2}\mathrm{E}(\mathrm{m}) \tag{6-5}$$

（ただし、E(m)：m×mの単位行列）

と仮定する。そうすると、

$$\det(\Sigma)=\delta^{2n}\det({}^{t}HH)^{-1} \qquad (6\text{-}6)$$

となる。

3)　最適解

①δ^2を最小にする（採点誤差を最小にする）。

②det(ᵗHH)を最大にする。

もし、n=4（人）、m=6（週）とすると、このときの具体的な解は次の二種類である。

$$\begin{array}{cc} & \text{学生}\ 1\ 2\ 3\ 4 \qquad\quad 1\ 2\ 3\ 4 \\ \begin{array}{r} \text{週}1 \\ 2 \\ 3 \\ 4 \\ 5 \\ 6 \end{array} & \begin{pmatrix} 0&0&1&1\\ 0&1&0&1\\ 0&1&1&0\\ 1&0&0&1\\ 1&0&1&0\\ 1&1&0&0 \end{pmatrix} \begin{pmatrix} 0&0&1&1\\ 0&1&0&1\\ 0&1&1&0\\ 1&0&1&1\\ 1&1&0&1\\ 1&1&1&0 \end{pmatrix} \end{array} \qquad (6\text{-}7)$$

前者はBIBDと呼ばれている組み合わせである。なお、行と行、列と列の入れ替えは自由である。

3.6.2　バイアスを考慮する場合

1)　観測方程式

(6-1) 式にバイアスとランダムな誤差を付加し、かつ、行列表示で、

$$\mathbf{s} = H\mathbf{x} + \Delta + \boldsymbol{\varepsilon} \qquad (6\text{-}8)$$

と表す。
このバイアスΔは、俗に、「ゲタをはかせる」、のゲタである。

2)　最適解

上式 (6-8) は「3.5　質量測定」の「3.5.2　単皿天秤による場合」と同じであることを示している。

3.7 位置測定

前節（3.6）までは主に線形の問題だけを扱った。この節（3.7）では、参考までに非線形の問題について解いてみる。

3.7.1 距離観測による場合

図-16のごとく未知点O（x,y,z）があって、既知の点1,2……,pからOまでの距離（$r_1, r_2, \cdots\cdots, r_p$）を測り、未知点Oの座標を推定したい。最適な観測点配置を求む。

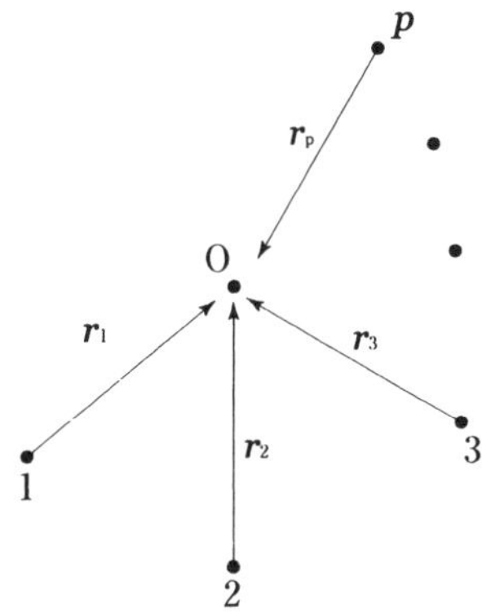

図－16

1)　観測方程式

各観測点の座標を $(x_i, y_i, z_i)_{i=1,2,\cdots\cdots,p}$とすると、観測方程式は次のようになる。

$$
\begin{aligned}
r_1 &= [(x-x_1)^2+(y-y_1)^2+(z-z_1)^2]^{1/2}+\varepsilon_1 \\
r_2 &= [(x-x_2)^2+(y-y_2)^2+(z-z_2)^2]^{1/2}+\varepsilon_2 \\
&\cdots\cdots\cdots\cdots\cdots\cdots\cdots \\
r_p &= [(x-x_p)^2+(y-y_p)^2+(z-z_p)^2]^{1/2}+\varepsilon_p
\end{aligned}
\qquad (7\text{-}1)
$$

コストは観測点の個数および配置によらないと仮定する。そうすると、観測系の評価は精度のみ考えればよい。また、観測誤差ε_iは正規分布とし、通常の条件を満たすものと仮定する。

2)　偏微係数

⑷式より、まず、未知状態ベクトルの偏微係数を計算する。

$$
\begin{aligned}
&(\partial r_i / \partial x) = (x-x_i)/r_i = l_i \\
&(\partial r_i / \partial y) = (y-y_i)/r_i = m_i \\
&(\partial r_i / \partial z) = (z-z_i)/r_i = n_i \\
&(i=1,2,\cdot\cdot\cdot p)
\end{aligned}
\qquad (7\text{-}2)
$$

ただし、

$$
l_i^2+m_i^2+n_i^2=1 \quad (i=1,2,\cdot\cdot\cdot,p) \qquad (7\text{-}3)
$$

に注意する。

3)　観測系の評価

ここでは、コストを考慮せず、精度のみを評価する。したがって、観測系の評価は、

$$\det(\Sigma)=\delta^6／\det({}^t FF) \tag{7-4}$$

で行われる。ただし、

$$F=\begin{pmatrix} l_1 & m_1 & n_1 \\ l_2 & m_2 & n_2 \\ \cdot & \cdot & \cdot \\ l_p & m_p & n_p \end{pmatrix} \tag{7-5}$$

である。これは「3.2　三次元ベクトル量計測について」の「3.2.1　バイアスエラーを考慮しない場合」と同じである。

3.7.2　角度観測による場合

図-17のごとく、平面上に未知の点O(x,y)がある。直線X軸上に観測点1,2を設定し、角度α_1,α_2を測定することにより、未知点O(x,y)の座標を決定したい。最適な観測点配置を求む。

1)　観測方程式

$$\alpha_1=\tan^{-1}\{y／(x-x_1)\}+\varepsilon_1 \tag{7-6}$$

$$\alpha_2 = \tan^{-1}\{y/(x - x_2)\} + \varepsilon_2 \qquad (7\text{-}7)$$

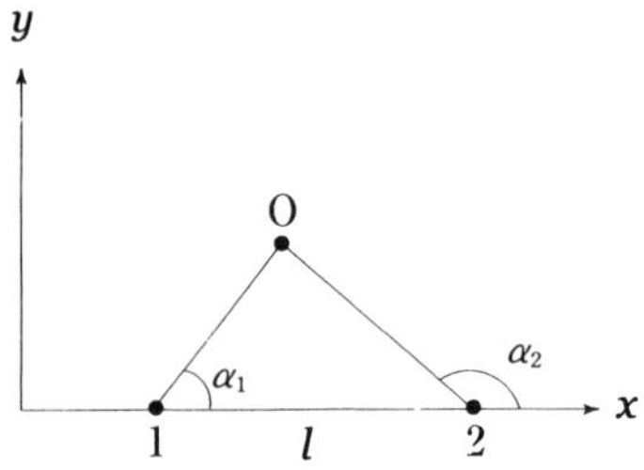

図－17

2)　分散共分散行列

未知状態ベクトルx,yの分散共分散行列を（7-6),(7-7）式に従って求めればよいのであるが、この場合、それはきわめて煩雑になる。そこで、そもそもの分散共分散に遡れば、この場合、次の式で表されることを考慮して解く。

$$\Sigma = E\left[\begin{pmatrix}\Delta x\\ \Delta y\end{pmatrix}\begin{bmatrix}\Delta x & \Delta y\end{bmatrix}\right] \qquad (7\text{-}8)$$

すなわち、観測方程式（7-6),(7-7）より誤差を省いて、

$$\tan\alpha_i = y/(x - x_i) \quad (i = 1,2) \qquad (7\text{-}9)$$

したがって、

$$y=(x-x_i)\ \tan\alpha_i \quad (i=1,2) \tag{7-10}$$

上式のy, x, α_1, α_2についての誤差伝搬関係式は、

$$\Delta y=\tan\alpha_i\Delta x+(x-x_i)\sec^2\alpha_i\Delta\alpha_i \quad (i=1,2) \tag{7-11}$$

と表される。上式は、観測誤差$\Delta\alpha_i (i=1,2)$ が未知状態ベクトルx, yに$\Delta x, \Delta y$だけ影響することを示している。これを行列表示で、

$$\begin{bmatrix}\tan\alpha_1 & -1\\ \tan\alpha_2 & -1\end{bmatrix}\begin{bmatrix}\Delta x\\ \Delta y\end{bmatrix}=\begin{bmatrix}(x_1-x)\sec^2\alpha_1\Delta\alpha_1\\ (x_2-x)\sec^2\alpha_2\Delta\alpha_2\end{bmatrix} \tag{7-12}$$

と表す。

3)　観測系の評価

ここではコストを考慮せず、精度のみの評価を行う。したがって、次のようになる。

(7-8) 式を考慮して、

$$\det(\Sigma)=(x_1-x)^2(x_2-x)^2\sec^4\alpha_1\sec^4\alpha_2 \times\varepsilon_1{}^2\varepsilon_2{}^2/(\tan\alpha_1-\tan\alpha_2)^2 \tag{7-13}$$

(7-10) 式を上式に代入して、

$$\det(\Sigma)=\varepsilon_1{}^2\varepsilon_2{}^2y^4\sec^4\alpha_1\sec^4\alpha_2/[\tan^2\alpha_1 \tan^2\alpha_2(\tan\alpha_1-\tan\alpha_2)^2]$$

$$=\varepsilon_1{}^2\varepsilon_2{}^2y^4/\sin^2\alpha_1\sin^2\alpha_2(\sin\alpha_1\cos\alpha_2$$
$$-\cos\alpha_1\sin\alpha_2)^2$$
$$=\varepsilon_1{}^2\varepsilon_2{}^2y^4/\sin^2\alpha_1\sin^2\alpha_2\sin^2(\alpha_1-\alpha_2) \qquad (7\text{-}14)$$

となる。

上式を最小にする$\varepsilon_1, \varepsilon_2, y, \alpha_1, \alpha_2$を求めればよい。そこで、

【仮定】

求めるべき未知状態ベクトルの一つyの値は、$\varepsilon_1, \varepsilon_2, \alpha_1, \alpha_2$に影響されない一定値とする。

そうすると、

①$\varepsilon_1, \varepsilon_2$, yをできるだけ小さくすること。

②α_1, α_2について、(7-14) 式の分母をhとし、その、α_1, α_2に関する偏微分をとる。

$$h\equiv\sin^2\alpha_1\sin^2\alpha_2\sin^2(\alpha_1-\alpha_2)$$
$$=\sin^2\alpha_1\sin^2\alpha_2'\sin^2\alpha_3 \qquad (7\text{-}15)$$

ここに、

$$\alpha_2'=\pi-\alpha_2 \qquad (7\text{-}16)$$
$$\alpha_3=\alpha_2-\alpha_1 \qquad (7\text{-}17)$$

とした。ただし、次のことに注意する。

$$\alpha_1+\alpha_2'+\alpha_3=\pi \tag{7-18}$$

$$0<\alpha_1 \quad \alpha_2' \quad \alpha_3<\pi \tag{7-19}$$

偏微分を計算し、それを 0 と置く。

$$(\partial h／\partial \alpha_1)=2h(\cot\alpha_1-\cot\alpha_3)=0 \tag{7-20}$$

$$(\partial h／\partial \alpha_2)=2h(\cot\alpha_3-\cot\alpha_2')=0 \tag{7-21}$$

これを解くと、

$$\cot\alpha_1=\cot\alpha_3 \tag{7-22}$$

$$\cot\alpha_3=\cot\alpha_2' \tag{7-23}$$

となる。したがって、(7-19) 式を考慮することにより、

$$\alpha_1=\alpha_2'=\alpha_3=\pi／3 \tag{7-24}$$

なる解が得られる。

これは、0,1,2が正三角形をなすことを意味する。

4. あとがき

本理論における応用編はきわめて特殊な例題に限られている。いわば模範的な応用例である。あるいは、理論的応用例である。それは、本理論の正当性を判別するためでもあった。そこでは、筆者は、観測系の最適構成の問題をいかに認識するか、そして、どのような手順で問題を解くかを示したつもりである。読者諸賢の抱える問題は、これらの応用例がそのまま当てはまることもあるかもしれないが、おそらくもっと複雑に違いない。しかし、本理論を理解されたならば、その解決は難しくないと思われる。そして、本理論により最適解を発見することができたならば、読者諸賢は現実の最適観測系を発明することがいくらでもできることになる。これが本理論の強みである。

一見、本理論の適用範囲とは思われない「較正」も、適用範囲内のものである[18),19)]。なぜなら、較正も、しかるべき観測系を構築して得られたデータから未知状態量を求めるものにほかならないからである。このように、観測系とはとても思えない物事でも、上記以外で、例えば実験計画法などでも、実は本理論が適用できる可能性がありうることにも注意しなければならない。

今後、航空機等の安全性を高めるためにも、また、その他宇宙機等の信頼性を高めるためにも、信頼性を考慮した最適観測系理論が必要になることは論を待たない。その萌芽はすでに筆者らによって発表されている[20)]。その考え方は主として情報理論に基づくものである。この例からもわかるように、本理論と情報理論、信頼性理論等を鑑みて、計測工学の理論的体系化が可能と確信する。

本理論は画期的な観測系を生み出す力を持っていると筆者は確信するが、百歩ゆずって、場合によると、この理論では観測系の精度を何十倍も引き上げることができないではないかと批判される余地もある。しかし、本理論は適用範囲がきわめて広い。一つ一つの観測系にとっては、それほど飛躍的な改善にはならないことがあるかもしれないが、仮りにわずかな利益ではあってもそのような場合、適用例はきわめて多い。一人の百歩より万人の一歩のほうが進歩ではなかろうか。

「科学的」とは、何らかの変換に対して不変なことを意味する。自然科学にしろ社会科学にしろ、真理、法則は万人に肯定できるものでなければならない。万人に肯定できるとは、各人の立場、すなわち各人の持つどんな座標系も他人の座標系と比べて特別な役割をせず、真理や法則が座標系の変換に対して不変の形をとることを意味する。自然科学および社会科学を統括する哲学においても、真理や法則はそのようなものでなければならない。

本理論は、アインシュタインの相対性理論以外で、相対性原理から導かれた最初の興味深い理論ではなかろうか。相対性理論と最適観測系理論というまったくかけ離れた理論が、内容の軽重は別として、同じ相対性原理から導かれるということは、同原理から導かれうる理論がまだまだ多数発見される可能性があることを示唆している。相対性原理の重要性の認識は今に始まったことではないが、相対性理論の枠外での本理論の発見というように、具象的な形で示されたことは未だかってなかったと思われる。

新しい発見や発明は、すでに、そのとき、そのために必要な材料はそろっているのが普通である。本理論の場合も例外ではない。det評価関数はとっくの昔に知られていたし、その性質、座標変換に対して不変の答えを出す等のことは自明のことである。相対性原理もすでにアインシュタインによって確立されている。アダマールの不等式も発見されている。お膳立てはでき上がっていたのである。筆者のやったことは、相対性原理を観測系の評価の問題に適用して、その評価は座標変換に対して不変でなければならないと主張し、上記のdetの性質について、逆に座標変換に対して不変な評価関数はdet以外にどのような関数があるのだろうかと探索し、ついに、事実上detしかないという定理を発見・証明したことである。また、それを用いることにより、アダマールの不等式を有効に活用して具体的例題に適用し、成功を収めたことである。ただ、そのためには、detに対する強い確信が必要であったことはいうまでもない。そうでなければ、いくつかの難関を突破できなかったに違いない。

最後に申し添えたい。それは数学の威力についてである。本理論は数学の力を得て初めて展開可能なものである。そこには、数学の真の本質的利用の仕方が明らかにされている。読者諸賢にあっては、そこから教訓を読みとって、現実の問題に応用していただきたい。そうすればきっと、何らかの解決策を見出すことができるに違いない。そして、それは世界人類のために貢献するものになることと信ずる。

増補改訂版の結

この理論を英語で表現する力は筆者には残念ながら無い。しかしながら、この理論は重要と思われるので、後々の展開について、全ては日本語の出来る読者諸賢に託させて頂きたいと思う。どうか本理論を検証し、その正しさを確認の上、その本質を理解して頂き、少しずつでも応用に力を注いで頂きたい。

例えば応用と言えば火山監視システムなどが比較的喫緊の課題であり、御岳山噴火事故などは未だ記憶に新しい。この火山監視システムは本理論流に言えば、火山活動についての最適観測系を構築するということである。その他、身の回りに観測系と思しきものが多々存在すると思われる。これらを見つけ本理論を適用して最適な系を発見して頂きたい。そしてそれらを基に最適観測系を発明するならば大いに人々の役に立つと思われる。

なお、筆者は、本書において、数学上の一つの概念である det（行列式）が観測系の良さを表す物理的意味のある関数であることを示し、その重要性を明らかにした。従来、そのように認識されておらず、その価値が過小評価されていたキライがある。とはいえ、この評価関数 det（行列式）の重要性如何については、読者諸賢の判断を待つ。

この理論の根源はアインシュタインの相対性原理にある。思うに、私事で恐縮であるが、筆者は小学校5年の時に、色々な人の伝記を読んだ。その中で、アインシュタイン博士をこの上なく深く尊敬し、幼いながらも、ぞっこん惚れ込んだ。彼は偉大な物理学者であり平和主義者であった。私も彼の様な科学者になりたいと思った。研究を進める中、アインシュタインの相対性原理が重要であるとの認識に到達したのは不思議な縁である。

また、この理論の根幹を成すキー関数 det（行列式）とは何ぞやと大学で初めて学んだ時そう思った。この理論を開拓するまで、ずっとその疑問は解けなかったが、私なりに、遂にその正体を突き止めることが出来たのは望外の喜びである。

5. 謝　辞

本稿を作るに当たって、元航空宇宙技術研究所の高橋侔康氏、滝沢実氏、佐々修一氏、角田直樹氏、染谷昭夫氏、中島厚氏、さらに、原稿を草するに際し、井口政昭氏、籾山真由美氏、井上忠男氏および、他のたくさんの方々にお世話になった。これらの方々に対し、厚く感謝の意を申し上げる。

参考文献

1) B.デスパニヤ（亀井理・訳）；量子力学と観測の問題（昭和46年)、pp.49-54、ダイヤモンド社

2) 加藤与五郎；創造の原点（昭和48年)、pp.154、共立出版

3) 鳥海良三他；角度測定・ドップラー周波数測定併用のトラッキング方式の計算処理に関する研究、航空宇宙技術研究所（以下航技研と略す）報告TR-168（1968）

4) 人工衛星追跡部；角度測定併用ドップラー周波数測定方式によるトラッキング総合実験、宇宙開発推進本部技術報告TR-２（昭和44年）

5) 中山伊知郎・編；現代統計学辞典（1962)、pp.281-282、東洋経済新報社

6) 井上敏・他；理化学事典（1964)、pp777、岩波書店

7) E.P.ウイグナー（岩崎洋一他・訳）；自然法則と不変性（昭和49年)、ダイヤモンド社

8) Nagayoshi IWAHORI; On a characterization of a class of functions defined on the space of positive definite matrices (1977)、東京大学理学部紀要・第一類Ａ数学・第24巻第２号、pp321-325

9) 木村武雄；最良の観測系について、日本統計学会誌、２巻１号（1971)、pp19-26（付録Ｇに再録）

10) 木村武雄；観測系の評価に関するひとつの数学的理論、航技研報告TR-301（1972）

11) 北川敏男；多変量解析論（昭和42年)、pp8-9、共立出版

12)　木村武雄；二次元ベクトル量計測における最適観測軸配置について、航技研資料TM-547（1985）

13)　スミルノフ（弥永昌吉他・訳）；高等数学教程３巻１部（昭和36年）、pp49-52、共立出版

14)　木村武雄；バイアスエラーを考慮した二次元ベクトル量計測における最適観測軸配置について、航技研報告TR-1055（1990）

15)　Arthur J. Pejsa; Optimum Orientation and Accuracy of Redundant Sensor Arays, AIAA Paper No.71-59（1971）

16)　木村武雄；三次元ベクトル量計測における最適観測軸配置について、航技研資料TM-367（1978）

17)　木村武雄；バイアスエラーを考慮した三次元ベクトル量計測における最適観測軸配置について、航技研報告TR-600（1980）

18)　木村武雄、滝沢実；慣性センサ系のアライメントに関する最適測定法について、第29回自動制御連合講演会前刷（昭和61年11月）、pp667-670

19)　木村武雄、滝沢実、佐々修一；多軸慣性センサ系に対する全軸同時較正法の適用、第27回計測自動制御学会北海道支部学術講演会論文集（平成７年１月）、pp-139-142

20)　木村武雄、滝沢実、佐々修一；双・三軸直交型慣性センサ装置の試作について、第25回計測自動制御学会北海道支部学術講演会論文集（平成５年１月）、pp119-122

21)　木村武雄、滝沢実、内田忠夫；矢羽根を用いた冗長型気流方向測定装置の最適化と設計のための数値解析について、航技研資料TM-571（1987）

22)　木村武雄他；矢羽根を用いた冗長型気流方向測定装置の風洞試験に関する報告、航技研資料TM-590（1988）

付録A．定理１、定理２の証明

【定理１】

$$[\det(\Sigma_1)<\det(\Sigma_2)] \Leftrightarrow [f(\Sigma_1)<f(\Sigma_2)] \tag{17}$$

【定理２】

$$[\det(\Sigma_1)=\det(\Sigma_2)] \Leftrightarrow [f(\Sigma_1)=f(\Sigma_2)] \tag{18}$$

【定理１】【定理２】を証明するには、まず次の【定理1'】【定理2'】を証明しなければならない。

【定理1'】

$$[\det(\Sigma_1)<\det(\Sigma_2)] \rightarrow [f(\Sigma_1)<f(\Sigma_2)] \qquad \text{(A-1)}$$

【定理2'】

$$[\det(\Sigma_1)=\det(\Sigma_2)] \rightarrow [f(\Sigma_1)=f(\Sigma_2)] \qquad \text{(A-2)}$$

ただし、関数fは次の条件を満たしている。

(1)　第一条件

任意の実正方正則行列D（大きさはΣと同じ）に対して、

$$\begin{gathered}[f(\Sigma_1)<f(\Sigma_2)]\\ \Leftrightarrow \\ [f(\mathrm{D}\Sigma_1{}^t\mathrm{D})<f(\mathrm{D}\Sigma_2{}^t\mathrm{D})]\end{gathered} \qquad \text{(A-3)}$$

⑵　第二条件

$|\Sigma^0|<\infty$なる任意のΣ^0に対して

$$f(\Sigma^0)<\lim_{|\Sigma|\to\infty} f(\Sigma) \qquad \text{(A-4)}$$

⑶　第三条件

任意のΣ^0に対して、

$$\lim_{\|\Sigma-\Sigma^0\|\to 0} f(\Sigma)=f(\Sigma^0) \qquad \text{(A-5)}$$

【定理1'】の証明

$0<|\Sigma_1|<|\Sigma_2|$なるひとつのΣ_1、ひとつのΣ_2について考える。このことからもちろん、

$$|\Sigma_1|<\infty \qquad \text{(A-6)}$$

Σ_1, Σ_2は次のような関係にあるものとする。

$$\Sigma_2=A\Sigma_1{}^tA \qquad \text{(A-7)}$$

（このようなAは必ず存在する）

そうすると、

$$|\Sigma_1|<|\Sigma_2|=|A\Sigma_1{}^tA|=|\Sigma_1||A|^2 \qquad \text{(A-8)}$$

したがって、

$$|A|^2>1 \tag{A-9}$$

今、次のような行列Σ_nの系列（$n=2,3,\cdots$）を考える。

$$\Sigma_n=A\Sigma_{n-1}{}^tA \tag{A-10}$$

すなわち、

$$\Sigma_n=A^{n-1}\Sigma_1{}^tA^{(n-1)} \tag{A-11}$$

そうすると、第一条件または（A-9）式により、

$$|\Sigma_1|<|\Sigma_2|<|\Sigma_3|<\cdots<|\Sigma_n|<\cdots \tag{A-12}$$

ただし、この系列の極限は、

$$\lim_{n\to\infty}|\Sigma_n|=\lim_{n\to\infty}|\Sigma_1||A|^{2(n-1)}=\infty \tag{A-13}$$

一方、関数fについては、$|\Sigma_1|<|\Sigma_2|$なるひとつのΣ_1、ひとつのΣ_2に対して、

$$f(\Sigma_1)<f(\Sigma_2) \tag{A-14}$$

であるか、

$$f(\Sigma_1) \geqq f(\Sigma_2) \tag{A-15}$$

であるかのいずれかである。

仮に上式（A-15）が成り立つと仮定すると、第一条件（A-3）式により、

$$f(\Sigma_1) \geqq f(\Sigma_2) \geqq f(\Sigma_3) \geqq \cdot\cdot\cdot \geqq f(\Sigma_n) \geqq \cdot\cdot\cdot \tag{A-16}$$

ところが$|\Sigma_n| \to \infty$（$n \to \infty$）なので、

$$\lim_{n\to\infty} f(\Sigma_n) = \lim_{|\Sigma n|\to\infty} f(\Sigma_n) \tag{A-17}$$

つまり、

$$f(\Sigma_1) \geqq f(\Sigma_2) \geqq \cdot\cdot f(\Sigma_n) \geqq \cdot\cdot \geqq \lim_{|\Sigma n|\to\infty} f(\Sigma_n) \tag{A-18}$$

となってしまい、これは明らかに第二条件（A-4）式に矛盾する。この矛盾は（A-15）式を仮定したことに帰因する。よって（A-14）式が成り立たなければならない。これで【定理1'】が証明された。

【定理2'】の証明

$0 < |\Sigma_1| = |\Sigma_2|$なるひとつの$\Sigma_1$、ひとつの$\Sigma_2$について考える。

εを対角行列とし各対角要素ε_iはことごとく、

$$0 < \varepsilon_i = c < 1 \tag{A-19}$$

であるとする。Iを単位行列とするとき、

$$|\Sigma_1(I-\varepsilon)|<|\Sigma_2|<\Sigma_1(I+\varepsilon)| \quad \text{(A-20)}$$

が成り立つ。したがって【定理1'】により、

$$f(\Sigma_1(I-\varepsilon))<f(\Sigma_2)<f(\Sigma_1(I+\varepsilon)) \quad \text{(A-21)}$$

となる。そこで$\|\varepsilon\|\to 0$としたときの極限をとれば、連続性の条件（A-5）式により、

$$f(\Sigma_1)<f(\Sigma_2)<f(\Sigma_1) \quad \text{(A-22)}$$

したがって、

$$f(\Sigma_1)=f(\Sigma_2) \quad \text{(A-23)}$$

これで【定理2'】が証明された。

なお、【定理1'】および【定理2'】が成り立てば、逆も成り立つ。すなわち、

【定理1"】

$$[\det(\Sigma_1)<\det(\Sigma_2)] \leftarrow [f(\Sigma_1)<f(\Sigma_2)] \quad \text{(A-24)}$$

【定理2"】

$$[\det(\Sigma_1)=\det(\Sigma_2)] \leftarrow [f(\Sigma_1)=f(\Sigma_2)] \quad \text{(A-25)}$$

証明は帰謬法による。

【定理1”】について、$f(\Sigma_1)<f(\Sigma_2)$ なるひとつのΣ_1、ひとつのΣ_2について、次のいずれかが成り立つ。

$$\det(\Sigma_1)<\det(\Sigma_2) \quad \text{(A-26)}$$

$$\det(\Sigma_1)=\det(\Sigma_2) \quad \text{(A-27)}$$

$$\det(\Sigma_1)>\det(\Sigma_2) \quad \text{(A-28)}$$

もし（A-27）式あるいは（A-28）式が成り立つとすると、【定理2’】【定理1’】により$f(\Sigma_1)=f(\Sigma_2)$あるいは$f(\Sigma_1)>f(\Sigma_2)$となり、前提条件であったところの$f(\Sigma_1)<f(\Sigma_2)$ではなくなる。これは矛盾である。したがって、（A-26）式しか成り立たない。

これで【定理1”】が証明された。【定理2”】についても同様に証明される。

以上により、本文の【定理1】【定理2】が証明された。

付録B．正弦、余弦の零和

pを２以上の任意の正整数とし、nをpで割り切れない整数とする。このとき、

$$\theta_j = 2n\pi(j-1)/p \qquad (j=1,2,\cdots p) \qquad \text{(B-1)}$$

なるθ_j(j=1,2,・・・p)について、

$$\sum_{j=1}^{p} \sin(\theta_j+\delta)=0 \qquad \text{(B-2)}$$

$$\sum_{j=1}^{p} \cos(\theta_j+\delta)=0 \qquad \text{(B-3)}$$

である。ただし、δは任意の角度。

証明

指数関数の性質により、

$$\begin{aligned}
&\sum_{j=1}^{p} \exp\{i(\theta_j+\delta)\} \\
&=\exp(i\delta)\sum_{j=1}^{p}\exp(i\theta_j) \\
&=\exp(i\delta)\{1-\exp(i2n\pi)\}/\{1-\exp(i2n\pi/p)\} \\
&=0 \qquad \text{(B-4)}
\end{aligned}$$

なぜ０かというと、

$$\exp(i2n\pi)=1 \tag{B-5}$$

$$\exp(i2n\pi/p)\neq 1 \tag{B-6}$$

だからである。

ところで、虚数の指数関数は次のように分解できる。

$$\sum_{j=1}^{p}\exp\{i(\theta_j+\delta)\}$$
$$=i\sum_{j=1}^{p}\sin(\theta_j+\delta)+\sum_{j=1}^{p}\cos(\theta_j+\delta) \tag{B-7}$$

(B-4) 式により、(B-7) 式が 0 であるので、(B-7) 式の虚数部、実数部とも 0 でなければならない。すなわち、(B-2), (B-3) 式が成り立たなければならない。以上で証明が成された。

付録C、各評価関数で判定が異なる事例

本文に示すように、分散共分散行列をΣとするとき、代表的評価基準（評価関数ともいう）は det（Σ)、trace（Σ)、max（Σ）などである。しかしながら、各評価関数で判定が異なってしまうという重大な問題点がある。例えば、次の３種類のΣ_i（i=1,2,3)

$$\Sigma_1 = \begin{bmatrix} 6.5 & 0 & 0 \\ 0 & 1.0 & 0 \\ 0 & 0 & 1.5 \end{bmatrix} \quad (C\text{-}1) \qquad \Sigma_2 = \begin{bmatrix} 6.0 & 0 & 0 \\ 0 & 0.5 & 0 \\ 0 & 0 & 3.0 \end{bmatrix} \quad (C\text{-}2)$$

$$\Sigma_3 = \begin{bmatrix} 8.0 & 0 & 0 \\ 0 & 1.0 & 0 \\ 0 & 0 & 1.0 \end{bmatrix} \quad (C\text{-}3)$$

について、各評価関数で誤差の程度を評価すると

$$\det(\Sigma_1) = 6.5 \times 1.0 \times 1.5 = 9.75 \qquad (C\text{-}4)$$

$$\det(\Sigma_2) = 6.0 \times 0.5 \times 3.0 = 9.0 \qquad (C\text{-}5)$$

$$\det(\Sigma_3) = 8.0 \times 1.0 \times 1.0 = 8.0 \qquad (C\text{-}6)$$

となり、det で評価するとΣ_3が一番誤差の程度が小さい。次に trace で評価すると、

$$\mathrm{trace}(\Sigma_1) = 6.5+1.0+1.5=9.0 \qquad (C\text{-}7)$$

$$\mathrm{trace}(\Sigma_2) = 6.0+0.5+3.0=9.5 \qquad (C\text{-}8)$$

$$\mathrm{trace}(\Sigma_3) = 8.0+1.0+1.0=10.0 \qquad (C\text{-}9)$$

となり、３種類のΣのうち、Σ_1が一番誤差の程度が小さい。他方、max で評価すると、

$$\max(\Sigma_1) = 6.5 \tag{C-10}$$

$$\max(\Sigma_2) = 6.0 \tag{C-11}$$

$$\max(\Sigma_3) = 8.0 \tag{C-12}$$

となり、誤差の程度が一番小さいのはΣ_2である。これらをまとめて表に示す。

表－C1　各評価関数による評価の不一致

	det	trace	max
$\begin{matrix} 6.5 & 0 & 0 \\ 0 & 1.0 & 0 \\ 0 & 0 & 1.5 \end{matrix}$	9.75	(9.0)	6.5
$\begin{matrix} 6.0 & 0 & 0 \\ 0 & 0.5 & 0 \\ 0 & 0 & 3.0 \end{matrix}$	9.0	9.5	(6.0)
$\begin{matrix} 8.0 & 0 & 0 \\ 0 & 1.0 & 0 \\ 0 & 0 & 1.0 \end{matrix}$	(8.0)	10.0	8.0

このように評価関数により誤差の程度の判定が異なる。これが重大な問題なのである。

なぜならば、ある人はdetを用い、また別の人はtraceを使い、また他の人はmaxを使用するだろう。となると人によって答えが違って来ることになる。これでは、普遍的、客観的な解は無いことになる。そこで科学的な普遍的、客観的手法を見つけ出す必要性が出てくる。但し、後には分かるのであるが、今この段階では、そのような客観的手法が存在するかどうかは分からない。

ここで、この科学的、普遍的、客観的とは何かが問われる。特にこれらの意味を厳密に数学的に明らかにすることが重要となる。

付録D、座標変換しても不変な判定をする評価関数および判定が変化してしまう評価関数

ここでは、一般的座標変換ではなく、特定の線形座標変換について、具体例を挙げ試してみる。これは一種の数値シミュレーションである。不変な判定および変化してしまう判定について、その片鱗が明らかになれば可としよう。

例えば、次に示す２種類の簡単な座標変換について考えてみる。

一つは

$$x_2 = y_1$$

$$y_2 = -x_1 - y_1 \tag{D-1}$$

すなわち、行列表示で

$$\begin{bmatrix} x_2 \\ y_2 \end{bmatrix} = \begin{bmatrix} 0 & 1 \\ -1 & -1 \end{bmatrix} \begin{bmatrix} x_1 \\ y_1 \end{bmatrix} \tag{D-2}$$

もう一つの返還は

$$x_3 = x_1$$

$$y_3 = -x_1 - y_1 \tag{D-3}$$

すなわち、行列表示で

$$\begin{bmatrix} x_3 \\ y_3 \end{bmatrix} = \begin{bmatrix} 1 & 0 \\ -1 & -1 \end{bmatrix} \begin{bmatrix} x_1 \\ y_1 \end{bmatrix} \qquad \text{(D-4)}$$

である。

これら3種類の座標系（x_1 y_1）、（x_2 y_2）、（x_3 y_3）は下記に説明するように同等である。どの座標系を用いてもよい。因みに、(D-1) あるいは (D-2) 式より

$$\begin{bmatrix} x_1 \\ y_1 \end{bmatrix} = \begin{bmatrix} -1 & -1 \\ 1 & 0 \end{bmatrix} \begin{bmatrix} x_2 \\ y_2 \end{bmatrix} \qquad \text{(D-5)}$$

が得られ、3種類の座標系が、次に示すように、相互に同等であることを示している。つまり、ある人は、（x_1 y_1）系で表現するかもしれないし、他の人は（x_2 y_2）系で表現するかもしれない。また別の人は（x_3 y_3）系で表現するかもしれない。どの座標系を用いるかは個人個人の自由である。絶対的座標系など無いと筆者は考える。こういう意味で各座標系は同等であると言うことが出来る。但し、相互の関係は数式で明確に示されていることは言うまでもない。

さて、いま、何らかの観測値データ（これを観測値Aと名付ける）があって、これを基に、ある一定の方法で、位置（x_1 y_1）が推定され、そのときの誤差の分散共分散行列を$\Sigma^{A}{}_{1}$と表記する。この時、（x_2 y_2）系、（x_3 y_3）系で表現された分散共分散行列をそれぞれ$\Sigma^{A}{}_{2}$、$\Sigma^{A}{}_{3}$と表記することにする。いま、

$$\Sigma^{A}{}_{1} = \begin{bmatrix} 1.0 & 0 \\ 0 & 3.0 \end{bmatrix} \qquad \text{(D-6)}$$

と仮定すると、本文（8）式を参照し（x_2　y_2）系の分散共分散行列$\Sigma^{A}{}_{2}$は（D-2）式より

$$\Sigma^{A}{}_{2} = \begin{bmatrix} 0 & 1 \\ -1 & -1 \end{bmatrix} \Sigma^{A}{}_{1} \begin{bmatrix} 0 & -1 \\ 1 & -1 \end{bmatrix}$$

$$= \begin{bmatrix} 0 & 1 \\ -1 & -1 \end{bmatrix} \begin{bmatrix} 1.0 & 0 \\ 0 & 3.0 \end{bmatrix} \begin{bmatrix} 0 & -1 \\ 1 & -1 \end{bmatrix}$$

$$= \begin{bmatrix} 0 & 1 \\ -1 & -1 \end{bmatrix} \begin{bmatrix} 0 & -1.0 \\ 3.0 & -3.0 \end{bmatrix}$$

$$= \begin{bmatrix} 3.0 & -3.0 \\ -3.0 & 4.0 \end{bmatrix} \qquad \text{(D-7)}$$

となる。

同様に$\Sigma^{A}{}_{3}$は（D-4）式より

$$\Sigma^{A}{}_{3} = \begin{bmatrix} 1 & 0 \\ -1 & -1 \end{bmatrix} \Sigma^{A}{}_{1} \begin{bmatrix} 1 & -1 \\ 0 & -1 \end{bmatrix}$$

$$= \begin{bmatrix} 1 & 0 \\ -1 & -1 \end{bmatrix} \begin{bmatrix} 1.0 & 0 \\ 0 & 3.0 \end{bmatrix} \begin{bmatrix} 1 & -1 \\ 0 & -1 \end{bmatrix}$$

$$= \begin{bmatrix} 1 & 0 \\ -1 & -1 \end{bmatrix} \begin{bmatrix} 1.0 & -1.0 \\ 0 & -3.0 \end{bmatrix}$$

$$= \begin{bmatrix} 1.0 & -1.0 \\ -1.0 & 4.0 \end{bmatrix} \qquad \text{(D-8)}$$

となる。

次に、上述の観測値データA（観測値A）とは別の観測値データB（観測値B）より座標（x_1 y_1）が推定されたとする。そのときの分散共分散行列を$\Sigma^{B}{}_{1}$と表す。

いま仮に、

$$\Sigma^{B}{}_{1}=\begin{bmatrix} 2.5 & 0 \\ 0 & 2.0 \end{bmatrix} \qquad \text{(D-9)}$$

とする時、(x_2 y_2) 系、(x_3 y_3) 系で表現された分散共分散行列をそれぞれ $\Sigma^{B}{}_{2}$、$\Sigma^{B}{}_{3}$と表すと、(x_2 y_2) 系の分散共分散行列 $\Sigma^{B}{}_{2}$は (D-2) 式より

$$\Sigma^{B}{}_{2}=\begin{bmatrix} 0 & 1 \\ -1 & -1 \end{bmatrix} \Sigma^{B}{}_{1} \begin{bmatrix} 0 & -1 \\ 1 & -1 \end{bmatrix}$$

$$=\begin{bmatrix} 0 & 1 \\ -1 & -1 \end{bmatrix}\begin{bmatrix} 2.5 & 0 \\ 0 & 2.0 \end{bmatrix}\begin{bmatrix} 0 & -1 \\ 1 & -1 \end{bmatrix}$$

$$=\begin{bmatrix} 0 & 1 \\ -1 & -1 \end{bmatrix}\begin{bmatrix} 0 & -2.5 \\ 2.0 & -2.0 \end{bmatrix}$$

$$=\begin{bmatrix} 2.0 & -2.0 \\ -2.0 & 4.5 \end{bmatrix} \qquad \text{(D-10)}$$

となる。

同様に（x_3 y_3）系の分散共分散$\Sigma^B{}_3$は（D-4）式より

$$\Sigma^B{}_3=\begin{bmatrix} 1 & 0 \\ -1 & -1 \end{bmatrix} \Sigma^B{}_1 \begin{bmatrix} 1 & -1 \\ 0 & -1 \end{bmatrix}$$

$$=\begin{bmatrix} 1 & 0 \\ -1 & -1 \end{bmatrix} \begin{bmatrix} 2.5 & 0 \\ 0 & 2.0 \end{bmatrix} \begin{bmatrix} 1 & -1 \\ 0 & -1 \end{bmatrix}$$

$$=\begin{bmatrix} 1 & 0 \\ -1 & -1 \end{bmatrix} \begin{bmatrix} 2.5 & -2.5 \\ 0 & -2.0 \end{bmatrix}$$

$$=\begin{bmatrix} 2.5 & -2.5 \\ -2.5 & 4.5 \end{bmatrix} \qquad \text{(D-11)}$$

となる。

これらを一覧表にまとめると、

表－D1　分散共分散行列の表

各行列			行列の各要素					
1系	2系	3系	1系		2系		3系	
Σ^A_1	Σ^A_2	Σ^A_3	1.0	0	3.0	−3.0	1.0	−1.0
			0	3.0	−3.0	4.0	−1.0	4.0
Σ^B_1	Σ^B_2	Σ^B_3	2.5	0	2.0	−2.0	2.5	−2.5
			0	2.0	−2.0	4.5	−2.5	4.5

表－D2　各評価値一覧表

各行列			max			trace			det		
1系	2系	3系	1系	2系	3系	1系	2系	3系	1系	2系	3系
Σ^A_1	Σ^A_2	Σ^A_3	3.0	4.0	4.0	4.0	7.0	5.0	3.0	3.0	3.0
Σ^B_1	Σ^B_2	Σ^B_3	2.5	4.5	4.5	4.5	6.5	7.0	5.0	5.0	5.0

観測値Aと観測値Bを比較する。観測値A,Bを比較するとは、観測値を生み出した観測系A,Bを比較することに他ならない。つまり、観測値を生み出す総体を観測系と言うことにする。

この各評価値一覧表を見れば分かるように、仮に、評価関数traceとmaxで評価するとした場合、座標系の採り方によって観測系Aの方が良かったり、観測系Bの方が良かったりする。一方、detの場合、座標系の採り方によらず、観測系Aの方が観測系Bより良いという一定の答えを得る。この表では、座標系の採り方によらず、評価値そのものが不変となっているが、これは本質的問題ではない。それは座標変換の行列をDと表記するとき

$$\det(D^2) = 1 \tag{D-12}$$

という特定の行列であるためで、実際は、その様な制約は無くてよい。一般的座標変換によって評価値そのものが不変に保たれるのでは無く、大小関係が不変に保たれる。このことは、det の特徴であり、本文を合わせ、良く読んで頂ければ氷解されると思われる。

付録Ｅ　一次元量計測

１．バイアスエラーを考慮しない場合

１）観測方程式

$$\lambda_i = l_i \cdot x + \varepsilon_i \quad (i = 1 \cdot 2 \cdot \cdot \cdot \cdot p) \qquad \text{(E-1)}$$

ただし

$$(l_i)^2 = 1 \qquad \text{(E-2)}$$

$$W^{-1} = E(\varepsilon \cdot {}^t\varepsilon) = \delta^2 E(p) \qquad \text{(E-3)}$$

と仮定する。

ここに、$E(\varepsilon \cdot {}^t\varepsilon)$ のＥは統計数学で言う「期待値」を示し、$\delta^2 E$（p）のＥは代数学で言う大きさｐの「単位行列」を示す。

さて行列表示は

$$\begin{pmatrix} \lambda_1 \\ \lambda_2 \\ \cdot \\ \cdot \\ \cdot \\ \lambda_p \end{pmatrix} = \begin{pmatrix} l_1 \\ l_2 \\ \cdot \\ \cdot \\ \cdot \\ l_p \end{pmatrix} x + \begin{pmatrix} \varepsilon_1 \\ \varepsilon_2 \\ . \\ . \\ . \\ \varepsilon_p \end{pmatrix} \qquad \text{(E-4)}$$

更にまとめて、

$$\lambda = F \cdot x + \varepsilon \qquad \text{(E-5)}$$

ここに、

$$\lambda = \begin{pmatrix} \lambda_1 \\ \lambda_2 \\ \cdot \\ \cdot \\ \cdot \\ \lambda_p \end{pmatrix} \qquad F = \begin{pmatrix} l_1 \\ l_2 \\ \cdot \\ \cdot \\ \cdot \\ l_p \end{pmatrix} \qquad \varepsilon = \begin{pmatrix} \varepsilon_1 \\ \varepsilon_2 \\ \cdot \\ \cdot \\ \cdot \\ \varepsilon_p \end{pmatrix} \qquad \text{(E-6)}$$

ここで、Fは観測系を意味する。このことは後にも言及する。

2）最小二乗法による解

本文3・1　二次元ベクトル量計測、の3・1・1　バイアスエラーを考慮しない場合（p32）を参照して、（1－12）式～（1－16）式に従い、

$$x = ({}^tF \cdot F) - 1 \cdot {}^tF \cdot \lambda$$

$$= \left\{(l_1 \ l_2 \ l_3 \cdot \cdot \cdot l_p) \begin{pmatrix} l_1 \\ l_2 \\ l_3 \\ . \\ . \\ l_p \end{pmatrix}\right\}^{-1} (l_1 \ l_2 \ l_3 \cdot \cdot \cdot l_p) \cdot \begin{pmatrix} \lambda_1 \\ \lambda_2 \\ \lambda_3 \\ . \\ . \\ \lambda_p \end{pmatrix}$$

$$= (l_1 \cdot \lambda_1 + l_2 \cdot \lambda_2 + \cdot \cdot \cdot + l_p \cdot \lambda_p)/p \qquad \text{(E-7)}$$

これは平均を採るということである。これは重要なことで、平均とは、ある意味最小二乗法の解ということである。
但し、$(l_i)^2=1$　つまり　$l_i=+1$または$l_i=-1$
これはどういうことかと言うと、例えば、野球で良く使うスピードガンの場合、キャッチャーの後方で真正面から球速を測るとき+1とすると、逆に、ピッチャーの後方で真後ろから測るとき−1である。これは、スピードガンすなわち観測器、の配置つまり観測系を意味することに他ならない。ただし数学的には、前者のとき、球が向ってくるので、球速は+150キロとかであり、後者のとき、遠ざかるので、球速は−150キロとかである。

さて、このときの分散は

$$\Sigma=\delta^2/p \tag{E-8}$$

となる。１次元量計測なので、Σは行列でなく１次元量となる。

２．バイアスエラーを考慮する場合

１）観測方程式

$$\lambda_i=l_i\cdot x+\Delta+\varepsilon_i(i=1\cdot 2\cdot\cdot\cdot\cdot p) \tag{E-9}$$

ただし

$$(l_i)^2=1 \tag{E-10}$$

$$W^{-1}=E(\varepsilon\cdot{}^t\varepsilon) \tag{E-11}$$

行列表示で

$$\begin{pmatrix} \lambda_1 \\ \lambda_2 \\ \cdot \\ \cdot \\ \cdot \\ \lambda_p \end{pmatrix} = \begin{pmatrix} l_1 & 1 \\ l_2 & 1 \\ \cdot & . \\ \cdot & . \\ \cdot & . \\ l_p & 1 \end{pmatrix} \begin{pmatrix} x \\ \\ \Delta \end{pmatrix} + \begin{pmatrix} \varepsilon_1 \\ \varepsilon_2 \\ . \\ . \\ . \\ \varepsilon_p \end{pmatrix} \quad \text{(E-12)}$$

更にまとめて、

$$\lambda = G \cdot \omega + \varepsilon \quad \text{(E-13)}$$

ここに、

$$\lambda = \begin{pmatrix} \lambda_1 \\ \lambda_2 \\ \cdot \\ \cdot \\ \cdot \\ \lambda_p \end{pmatrix} \quad \text{(E-14)}$$

$$G=\begin{pmatrix} l_1 & 1 \\ l_2 & 1 \\ \cdot & \cdot \\ \cdot & \cdot \\ l_p & 1 \end{pmatrix} \tag{E-15}$$

$$\varepsilon=\begin{pmatrix} \varepsilon_1 \\ \varepsilon_2 \\ \cdot \\ \cdot \\ \varepsilon_p \end{pmatrix} \tag{E-16}$$

$$\omega=\begin{pmatrix} X \\ \\ \Delta \end{pmatrix} \tag{E-17}$$

ここで、Gは観測系を意味する。ωは、未知状態量xと共に、バイアスエラーΔを未知状態量の一つとするので、合わせて、２次元量となる。

２）最小二乗法による解

本文３・１　二次元ベクトル量計測、の３・１・２　バイアスエラーを考慮する場合（p52）を参照して、(1－79）式～（1－87）式に従い、

$$\omega=({}^{t}G\cdot G)^{-1}\cdot {}^{t}G\cdot\lambda \tag{E-18}$$

$$\Sigma=\delta^2({}^{t}G\cdot G)^{-1}$$

(E-19)

観測系Gの良さは

$\det(\Sigma)$の値が小さい程良い。つまり、

$\det({}^t G \cdot G)$

の値が大きい程良い。$p=2$の場合Gは

$$G = \begin{pmatrix} l_1 & 1 \\ l_2 & 1 \end{pmatrix} \qquad \text{(E-20)}$$

となり行列式を演算すれば

$$\det({}^t GG) = (l_1 - l_2)^2$$

(E-21)

となる。従って

$l_1 = 1$とすれば$l_2 = -1$ (E-22)

が最適解である。これは野球に例えれば、観測を2回行う場合、スピードガンをキャッチャー後方から見るのとピッチャー後方から見るのを合わせるのが最適であることを意味する。更に言えば、ジャーナリストが良く言う、表から見たら裏を採れと言うことである。

付録F、最小二乗法による解法の簡単な事例

○　三角形の角度測定

右図を参照し

観測方程式

$A=60.1^\circ + \varepsilon_1$　(F-1)

$B=90.2^\circ + \varepsilon_2$　(F-2)

$C=30.3^\circ + \varepsilon_3$　(F-3)

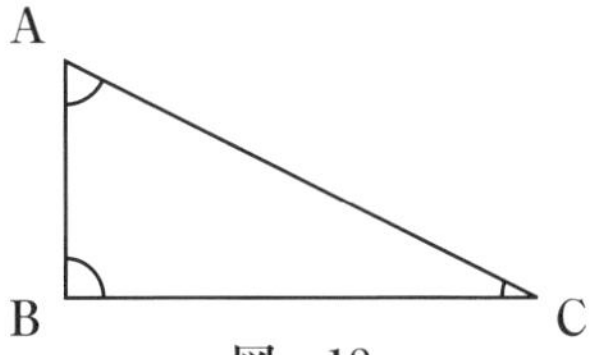

図－18

厳密な条件式

$$A+B+C=180^\circ \quad \text{(F-4)}$$

に注意する。以下、次の様に演算を行う。

$$\begin{pmatrix} 1 & 0 \\ 0 & 1 \\ -1 & -1 \end{pmatrix} \begin{pmatrix} A \\ B \end{pmatrix} = \begin{pmatrix} 60.1^\circ + \varepsilon_1 \\ 90.2^\circ + \varepsilon_2 \\ -180^\circ + 30.3^\circ + \varepsilon_3 \end{pmatrix}$$

最小二乗法により　(F-5)

$$\begin{pmatrix} 1 & 0 & -1 \\ 0 & 1 & -1 \end{pmatrix} \begin{pmatrix} 1 & 0 \\ 0 & 1 \\ -1 & -1 \end{pmatrix} \begin{pmatrix} A \\ B \end{pmatrix} = \begin{pmatrix} 1 & 0 & -1 \\ 0 & 1 & -1 \end{pmatrix} \begin{pmatrix} 60.1^\circ \\ 90.2^\circ \\ -149.7^\circ \end{pmatrix} \quad \text{(F-6)}$$

$$\begin{pmatrix} 2 & 1 \\ 1 & 2 \end{pmatrix} \begin{pmatrix} A \\ B \end{pmatrix} = \begin{pmatrix} 209.8^\circ \\ 239.9^\circ \end{pmatrix} \quad \text{(F-7)}$$

$$\begin{pmatrix} A \\ B \end{pmatrix} = \begin{pmatrix} 2/3 & -1/3 \\ -1/3 & 2/3 \end{pmatrix} \begin{pmatrix} 209.8^\circ \\ 239.9^\circ \end{pmatrix} = \begin{pmatrix} 59.9^\circ \\ 90.0^\circ \end{pmatrix} \tag{F-8}$$

$$C=180^\circ - A - B = 30.1^\circ \tag{F-9}$$

すなわち、整理して書き換えれば、

$$A=59.9^\circ \tag{F-10}$$

$$B=90.0^\circ \tag{F-11}$$

$$C=30.1^\circ \tag{F-12}$$

となる。観測値（F-1），（F-2），（F-3）式を良く考察すれば、この答は教訓的である。合理的でもある。

日本統計学会誌　2巻1号(1971)　別刷『最良の観測系について』木村武雄著

付録G、最良の観測系について

本論文では最良の観測系とはいかなるものか、また、最良の観測系はいかにして見い出されるかについて論ずる。

I．観測方程式

観測値ベクトルをYとし未知所求量ベクトルをθとするとき、観測は普通、次のような形で表現される。

$$Y=F(\theta)+\varepsilon \tag{1}$$

ここに　ε：観測誤差

　　　　F：ベクトル値関数

ここで注意すべきことは、同じ未知所求量θを求めるにも各観測方法（観測系）に対応して、いろいろな観測方程式がありうるということである。つまり

$$\begin{aligned} Y_1&=F_1(\theta)+\varepsilon_1 \qquad (\to\hat{\theta}_1)\\ Y_2&=F_2(\theta)+\varepsilon_2 \qquad (\to\hat{\theta}_2)\\ &\cdots\cdots\cdots\cdots\cdots\cdots \end{aligned} \tag{2}$$

ここに関数Fは一般に観測系と称される。これは実験計画法の実験配置に相当する。

未知所求量θは普通、最尤法によって推定される。関数Fが非線形の場合には逐次近似等の方法によって計算する。未知所求量θの推定値$\hat{\theta}$の分数・共分散行列Σは、関数Fが線形の場合

$$\Sigma=\left[\frac{\partial F(\theta)'}{\partial\theta}\cdot W\cdot\frac{\partial F(\theta)}{\partial\theta}\right]^{-1} \tag{3}$$

但し　$$W=[\boldsymbol{E}(\varepsilon\varepsilon')]^{-1} \tag{4}$$

関数Fが非線形の場合には近似的に上式が成り立つ。この近似は

$\varepsilon \to 0$とするとき次第によくなる。しかし厳密には近似誤差（バイアス）を考慮しなければならないだろう。

Ⅱ．観測系の評価

観測系の評価は未知所求量θの推定値$\hat{\theta}$の一般化分散$|\Sigma|$によって測られるものとする。つまり、一般化分散$|\Sigma|$の値が小さければ小さい程、よい観測系であるとする。

一般化分散$|\Sigma|$は(3)式より、次のように書き表される。

$$|\Sigma|=\left|\frac{\partial F(\theta)'}{\partial\theta}\cdot W\cdot\frac{\partial F(\theta)}{\partial\theta}\right|^{-1} \qquad (5)$$

これによって観測系F_iに対する一般化分散が計算でき、観測系の評価が可能になる。

○一般化分散の情報理論的意味

一般化分散は情報理論におけるエントロピー（不確定度）と密接な関係にある。

1．エントロピーの定義

エントロピーをSで表わすと

$$S\equiv-\boldsymbol{E}(\log f(X))$$

ここに$f(X)$：確率変数Xの分布密度関数

2．n次元正規分布に対するエントロピー

$X\sim N(\mu,\Sigma)$ とすると

$$f(X)=\left(\frac{1}{2\pi}\right)^{n/2}|\Sigma|^{-1/2}\exp\left(-\frac{1}{2}(X-\mu)'\Sigma^{-1}(X-\mu)\right)$$

$$\therefore\quad \log f(X)=-\frac{n}{2}\log 2\pi-\frac{1}{2}\log|\Sigma|-\frac{1}{2}(X-\mu')\Sigma^{-1}(X-\mu)$$

故に
$$S \equiv -\boldsymbol{E}(\log f(X))$$
$$= \frac{n}{2}\log 2\pi + \frac{1}{2}\log|\Sigma| + \frac{1}{2}\boldsymbol{E}((X-\mu)'\Sigma^{-1}(X-\mu))$$

処で $X \sim N(\mu, \Sigma)$ なので
$$(X-\mu)'\Sigma^{-1}(X-\mu) \sim \chi^2(n)$$

従って
$$\boldsymbol{E}((X-\mu)'\Sigma^{-1}(X-\mu)) = n$$

つまり
$$S = \frac{n}{2}\log 2\pi e + \frac{1}{2}\log|\Sigma|$$

このことから、正規分布の場合には、一般化分散の大小はエントロピー（不確定度）の大小に一致することがわかる。

Ⅲ.　観測系の評価に関する基礎論

ある未知の対象 O のある状態 Θ について、何らかの手段を講じて情報を収得し、状態 Θ を推定する場合を考える。何らかの手段とは実験とか観測とかを意味する。以下、このことを観測ないし観測系ということにする。状態 Θ は数量的に表現されうるものとする。このとき状態 Θ の数量的表現は、ただひととおりとは限らない。そのひとつの表現を θ とし他のひとつを θ^* とする。そうすると両者の間には次のような関係が存在する。但し θ、θ^* は一般にベクトル量である。

$$\theta^* = \Phi(\theta) \qquad (6)$$

但し
$$\left|\frac{\partial\Phi(\theta)}{\partial\theta}\right| \neq 0 \qquad (7)$$

Φ: ベクトル値関数

つまり状態 Θ を表現するのに、θ で表現しても θ^* で表現してもどちらでもよい。そして一般には Φ は任意の関数でよい。

これを具体的な場合にあてはめると次のようになる。未知対象 O として空間における点を考える。その点の状態 Θ としては点の位置を考える。位置 Θ の数量的表現としては極座標$(r\theta\varphi)=\theta$ によってもよいし、デカルト座標$(xyz)=\theta^*$によってもよい.その他の座標系によっても勿論よい。しかし次のような関係にあることに変りはない。

$$\theta^* = \Phi(\theta)$$

具体的には

$$x=r\cos\theta\cos\varphi=\Phi_1(r\theta\varphi)$$
$$y=r\cos\theta\sin\varphi=\Phi_2(r\theta\varphi)$$
$$z=r\sin\theta \qquad =\Phi_3(r\theta\varphi)$$

つまり

$$\theta^*=\begin{pmatrix}x\\y\\z\end{pmatrix} \qquad \theta=\begin{pmatrix}r\\\theta\\\varphi\end{pmatrix} \qquad \Phi=\begin{pmatrix}\Phi_1\\\Phi_2\\\Phi_3\end{pmatrix}$$

さて、いま (i) という観測系で未知の状態 Θ に関する情報が収得され、未知所求量 θ（あるいは θ^*が推定されたとする。これを次のようにかく

$$\hat{\theta}\ (i)\ (\text{あるいは}\ \hat{\theta}^*(i)) \qquad i=1, 2\cdots n, \cdots$$

このとき観測系(1)(2)(3)…(n)… のなかでどれが一番良い観測系かを決める問題を考える。つまり観測系の評価について考える。

この場合の評価は未知所求量 $\theta(\theta^*)$ の推定誤差 $\Delta\theta(\Delta\theta^*)$ の統計的分布の如何によって測られるべきである。但し $\Delta\theta = \hat{\theta} - \theta$ $(\Delta\theta^* = \hat{\theta}^* - \theta^*)$。また、それを測るときには実数値の大小によって測られなければならない。

$\Delta\theta(\Delta\theta^*)$ がもし多次元正規分布 $N(\mu, \Sigma)(N(\mu^*, \Sigma^*))$ をとるならば、また、たとえ正規分布をとらなくても、近似的（観測誤差を小さくしていくと、この近似は次第によくなる）にそのような分布をとると考え、$\mu=0(\mu^*=0)$ と仮定し、次のような函数によって評価されるべきである。

$$f(\Sigma) \quad (f(\Sigma^*))$$

ここに$\Sigma(\Sigma^*)$：推定値$\hat{\theta}$（$\hat{\theta}^*$）の分散共分散行列、正定値行列に限定する。

f：実数値函数

$f^*(\Sigma^*)$としないことに注意。ごく一般的には$f^*(\Sigma^*)$とすべきであろうが、ここでは$f(\Sigma^*)$に限定して考える。このように限定しても特別の不都合は起らない。２次形式評価函数の場合、重み行列を場合に応じて、いちいち適当に決めていくというのは$f^*(\Sigma^*)$の立場に立つことに相応する。

次に、この評価函数fに課せられる条件を列挙する。

１．観測系の評価、すなわち函数fの大小関係は、未知所求量Θを規定する座標系によって変化してはならない。即ち、$\hat{\theta}(i)$に対応する分散・共分散行列をΣ_iとし、$\hat{\theta}^*(i)$に対応する分散、共分散行列をΣ_i^*とすると、

$$f(\Sigma_1)<f(\Sigma_2) \rightleftarrows f(\Sigma_1^*)<f(\Sigma_2^*) \tag{8}$$

但し、Σ_iとΣ_i^*との関係は、$\theta^*=\Phi(\theta)$とするとき、Φがもし線形なら、また、たとえ非線形でも近似的（観測誤差を小さくすると、この近似は次第によくなる）に

$$\Sigma_i^*=D\Sigma_i D' \tag{9}$$

但し

$$D=\frac{\partial\Phi(\theta)}{\partial\theta}, \quad |D|\neq 0 \tag{10}$$

従って(8)式を書き直すと

$|D|\neq 0$なる任意の実数正方行列D（大きさはΣと同じ）に対して

$$f(\Sigma_1)<f(\Sigma_2) \rightleftarrows f(D\Sigma_1 D')<f(D\Sigma_2 D') \tag{11}$$

本条件は非常に重要な条件であって、もしこの条件を満たさなければ、観測系の評価は不可能となる。よく用いられるtraceは本条件を満

たさない。

２．連続性については、至るところ連続であるという条件を課す。即ち任意のΣ^0に対して

$$\lim_{\|\Sigma-\Sigma^0\|\to 0} f(\Sigma)=f(\Sigma^0) \tag{12}$$

但し $\|\cdot\|$ とは$\|A\|=\sqrt{\sum_{ij} A^2_{ij}}$を意味する。以下この意味で使う。

３．極限については

$$\underset{|\Sigma^0|<\infty}{f(\Sigma^0)} < \lim_{|\Sigma|\to\infty} f(\Sigma) \tag{13}$$

この条件の不等号は逆向きでもよい。上式（13）のようにすると、fの値が大きい程、悪い観測系であるということを意味する。逆にすれば、逆にfの値が小さい程、悪い観測系であるということを意味する。どちらをとっても同じことである。数学的には函数fに負号をつけるかつけないかに帰着する。

さて、以上の条件を満たす函数fにどのようなものがあるだろうか。まず最初にdet（行列式）が思い当る。これは、確かに上述の条件を全て満たす。従って解である。しかし、これ以外にも解はあるであろう。そのひとつをfで表わす。このときもしdetによる評価（序列づけ）とfによる評価に、くい違いが生じたらどういうことになるのだろうか。どちらの函数で評価したらよいだろうか。あるいは、どの函数で評価したら一番よいのだろうか。

しかし、これらの危惧は不必要である。次の定理が成り立つからである。

$$\text{Th. 1.}\quad \det(\Sigma_1)<\det(\Sigma_2) \to f(\Sigma_1)<f(\Sigma_2) \tag{14}$$

$$\text{Th. 2.}\quad \det(\Sigma_1)=\det(\Sigma_2) \to f(\Sigma_1)=f(\Sigma_2) \tag{15}$$

つまり、detによる評価と他の函数による評価との間に決して食い違いが生じないことが保障される。このことは同時に、上述の3条件を満

たす函数であるならば、任意の函数同志で食い違いが生じないことを意味する。

定理1の証明

$0<|\Sigma_1|<|\Sigma_2|$なるΣ_1、Σ_2について考える。このことから勿論$|\Sigma_1|<\infty$

Σ_1、Σ_2は次のような関係にあるものとする。

$$\Sigma_2 = A\Sigma_1 A' \quad \text{（このような}A\text{は必ず存在する）}$$

そうすると

$$|\Sigma_1|<|\Sigma_2|=|A\Sigma_1 A'|=|\Sigma_1|\cdot|A|^2$$

従って

$$|A|^2>1$$

いま次のような行列Σ_nの系列（$n=2, 3, \cdots$）を考える。

$$\Sigma_n = A\Sigma_{n-1}A' \quad \text{即ち} \quad \Sigma_n = A^{n-1}\Sigma_1 A'^{n-1}$$

そうすると条件1により，あるいは$|A|^2>1$より

$$|\Sigma_1|<|\Sigma_2|<|\Sigma_3|<\cdots\cdots<|\Sigma_n|<\cdots\cdots$$

但し　$\lim_{n\to\infty}|\Sigma_n|=\lim_{n\to\infty}|\Sigma_1|\cdot|A|^{2(n-1)}=\infty$

一方、函数fについては、$|\Sigma_1|<|\Sigma_2|$なるΣ_1、Σ_2に対して、次の①か②のいずれかが成り立つ。

① $f(\Sigma_1)<f(\Sigma_2)$

② $f(\Sigma_1)\geq f(\Sigma_2)$

仮に②が成り立つものとする。

そうすると条件1により

$$f(\Sigma_1)\geq f(\Sigma_2)\geq f(\Sigma_3)\geq\cdots\cdots\geq f(\Sigma_n)\geq\cdots\cdots$$

処が $|\Sigma_n|\to\infty$（$n\to\infty$）なので

$$\lim_{n\to\infty}f(\Sigma_n)=\lim_{|\Sigma_n|\to\infty}f(\Sigma_n)$$

つまり

$$f(\Sigma_1)\geq f(\Sigma_2)\geq\cdots\cdots\geq f(\Sigma_n)\geq\cdots\cdots\geq\lim_{|\Sigma|\to\infty}f(\Sigma)$$

これは明らかに条件３（13）式に矛盾する。この矛盾は②を仮定したことに帰因する。よって

① $f(\Sigma_1) < f(\Sigma_2)$でなければならない。

これで定理1が証明された。

定理２の照明

$0 < |\Sigma_1| = |\Sigma_2|$なる$\Sigma_1$、$\Sigma_2$について考える。

εを対角行列とし各対角要素（ε_i）はことごとく

$0 < \varepsilon_i = c < 1$であるとする。

Iを単位行列とする。そうすると

$$|\Sigma_1(I-\varepsilon)| < |\Sigma_2| < |\Sigma_1(I+\varepsilon)|$$

従って定理１により

$$f(\Sigma_1 \cdot (I-\varepsilon)) < f(\Sigma_2) < f(\Sigma_1 \cdot (I+\varepsilon))$$

そこで $\|\varepsilon\| \to 0$としたときの極限をとれば、連続性の条件（条件２（12）式）により

$$f(\Sigma_1) \leq f(\Sigma_2) \leq f(\Sigma_1)$$

従って　　$f(\Sigma_1) = f(\Sigma_2)$

これで定理２が証明された。

尚、定理１および定理２が共に成り立てば、逆も成り立つ。

$$\text{Th 1}' \quad \det(\Sigma_1) < \det(\Sigma_2) \leftarrow f(\Sigma_1) < f(\Sigma_2)$$
$$\text{Th 2}' \quad \det(\Sigma_1) = \det(\Sigma_2) \leftarrow f(\Sigma_1) = f(\Sigma_2)$$

Ⅳ．応　用

１．平面の方程式

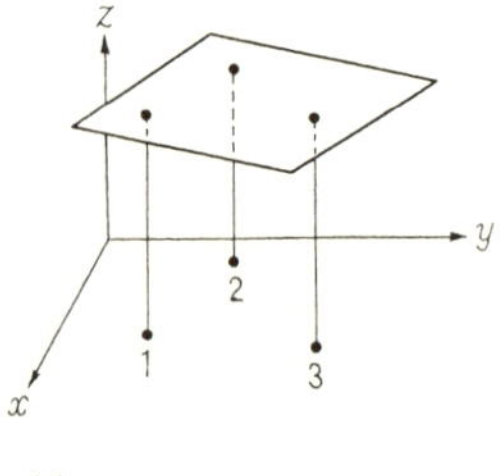

左図の如く、空間(xyz)に平面$(z = a + bx + cy)$があって、各観測点$\{(x_i, y_i)_{i=1,2,\ldots n}\}$に於ける高さ（$Z_i$）を測定することにより、平面の方程式を求めたい。観測点の個数nを３として、最良の観測点配置を求む。

解　未知所求量（a,b,c）の推定値の一般化分散を最小にする観測点配置を求める。

○観測方程式

$$\begin{pmatrix} z_1 \\ z_2 \\ z_3 \end{pmatrix} = \begin{pmatrix} 1 & x_1 & y_1 \\ 1 & x_2 & y_2 \\ 1 & x_3 & y_3 \end{pmatrix} \begin{pmatrix} a \\ b \\ c \end{pmatrix} + \begin{pmatrix} \varepsilon_1 \\ \varepsilon_2 \\ \varepsilon_3 \end{pmatrix}$$

これを第Ｉ章の（1）式に当てはめれば、

$$Y = \begin{pmatrix} z_1 \\ z_2 \\ z_3 \end{pmatrix}, \quad \theta = \begin{pmatrix} a \\ b \\ c \end{pmatrix}, \quad \varepsilon = \begin{pmatrix} \varepsilon_1 \\ \varepsilon_2 \\ \varepsilon_3 \end{pmatrix}, \quad F = \begin{pmatrix} 1 & x_1 & y_1 \\ 1 & x_2 & y_2 \\ 1 & x_3 & y_3 \end{pmatrix}$$

○未知所求量の一般化分散

第Ｉ章（3）式より、或いは第Ⅱ章（5）式より

$$|V(\hat{\theta})| = \left| \frac{\partial F(\theta)'}{\partial \theta} \cdot W \cdot \frac{\partial F(\theta)}{\partial \theta} \right|^{-1}$$

$$= \left| \begin{pmatrix} 1 & 1 & 1 \\ x_1 & x_2 & x_3 \\ y_1 & y_2 & y_3 \end{pmatrix} \begin{pmatrix} E(\varepsilon_1\varepsilon_1) & E(\varepsilon_1\varepsilon_2) & E(\varepsilon_1\varepsilon_3) \\ E(\varepsilon_2\varepsilon_1) & E(\varepsilon_2\varepsilon_2) & E(\varepsilon_2\varepsilon_3) \\ E(\varepsilon_3\varepsilon_1) & E(\varepsilon_3\varepsilon_2) & E(\varepsilon_3\varepsilon_3) \end{pmatrix}^{-1} \begin{pmatrix} 1 & x_1 & y_1 \\ 1 & x_2 & y_2 \\ 1 & x_3 & y_3 \end{pmatrix} \right|^{-1}$$

$$= \frac{|\boldsymbol{E}(\varepsilon\varepsilon')|}{\begin{vmatrix} 1 & x_1 & y_1 \\ 1 & x_2 & y_2 \\ 1 & x_3 & y_3 \end{vmatrix}^2} = \frac{|\boldsymbol{E}(\varepsilon\varepsilon')|}{|F|^2}$$

$\boldsymbol{E}(\varepsilon\varepsilon')$は普通、観測機器の性能によって決まり、観測点配置には無関係である。従って

答

1．$|\boldsymbol{E}(\varepsilon\varepsilon')|$を最小にすること。これは観測機器の精度を向上させることに相当する。

2．$|F|^2$を最大にすること。これは、幾何学的には、図における三角形（1,2,3）の面積を最大にすることに相当する。

2．BIBDの理論化

n人の学生の卒業研究について、毎週１回、そのうちから何人かを選

んで組をつくり、共同研究させ、その結果を発表させることにした。m 週で終らせることにし、最良の組み合わせはどのようになるだろうか。

解　この問題を最良観測系理論の立場で解く。この問題は、n 人の学生の力量を測定する為の観測系に関する問題であると考える。

簡単の為、次の仮定をおく。i 回目の研究成績を S_i とし、個々の学生の力量を x_j として

$$S_i=\sum_{j=1}^{n}h_{ij}x_j \qquad i=1,2,\cdots\cdots m$$

但し $h_{ij}\begin{cases}1: & i \text{ 回目に } j \text{ 番目の学生が共同研究に参加したとき}\\ 0: & \text{そうでないとき}\end{cases}$

上式は共同効果を無視している。無視したくない場合には、それをランダムな誤差と考えればよい。

○観測方程式

$$S=Hx+\varepsilon$$

ここに $S=\begin{pmatrix}S_1\\S_2\\\vdots\\S_m\end{pmatrix}$ $x=\begin{pmatrix}x_1\\x_2\\\vdots\\x_n\end{pmatrix}$ $\varepsilon=\begin{pmatrix}\varepsilon_1\\\varepsilon_2\\\vdots\\\varepsilon_m\end{pmatrix}$ $H=(h_{ij})$ $i=1,2,\cdots m$ $j=1,2,\cdots n$

S：　採点値（観測値）

x：　学生の力量（未知所求量）

ε：　採点誤差（観測誤差）

H：　組み合わせ行列（観測系）

○未知所求量 x の推定値の分散・共分散　$V(\hat{x})$

$$V(\hat{x})=(H'WH)^{-1}$$

$W=(\boldsymbol{E}(\varepsilon\varepsilon'))^{-1}=\sigma^{-2}\,\mathrm{I\!I}$　と仮定すると

（但し　$\mathrm{I\!I}$：単行行列）

$$|V(\hat{x})|=\sigma^{2n}|H'\cdot H|^{-1}$$

答　1．σ^2を最小にする（採点誤差を最小にする）

2．$|H'H|$を最大にする。もし、$n=4$（人）　$m=6$（週）とすると、このときの具体的な解は次の２種類である。

$$\begin{array}{c} \text{学生} \; 1\;2\;3\;4 \\ \text{週}\begin{array}{c}1\\2\\3\\4\\5\\6\end{array}\begin{pmatrix}0&0&1&1\\0&1&0&1\\0&1&1&0\\1&0&0&1\\1&0&1&0\\1&1&0&0\end{pmatrix} \end{array}, \quad \begin{array}{c} 1\;2\;3\;4 \\ \begin{pmatrix}0&0&1&1\\0&1&0&1\\0&1&1&0\\1&0&1&1\\1&1&0&1\\1&1&1&0\end{pmatrix} \end{array}$$

前者はBIBDと呼ばれている組み合わせである。尚、行と行、列と列の入れ替えは自由である。

3．位置測定

a. range ３点観測

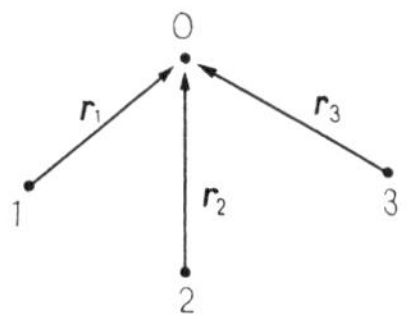

図の如く未知点$O(x, y, z)$があって、既知の点1、2、3からOまでの距離(r_1, r_2, r_3)を測り未知点Oの座標を推定したい。最良の観測点配置を求む。

○観測方程式（各観測点を$(x_i y_i z_i)_{i=1,2,3}$とする）

$$r_1=[(x-x_1)^2+(y-y_1)^2+(z-z_1)^2]^{1/2}+\varepsilon_1$$
$$r_2=[(x-x_2)^2+(y-y_2)^2+(z-z_2)^2]^{1/2}+\varepsilon_2$$
$$r_3=[(x-x_3)^2+(y-y_3)^2+(z-z_3)^2]^{1/2}+\varepsilon_3$$

第Ⅰ章(1)式の観測方程式との対応は次の通り

$$Y=\begin{pmatrix}r_1\\r_2\\r_3\end{pmatrix}, \quad \theta=\begin{pmatrix}x\\y\\z\end{pmatrix}, \quad \varepsilon=\begin{pmatrix}\varepsilon_1\\\varepsilon_2\\\varepsilon_3\end{pmatrix}$$

Fはこの場合、非線形である。

○未知所求量の一般化分散

$$|V(\hat{\theta})| = \left| \frac{\partial F(\theta)'}{\partial \theta} \cdot W \cdot \frac{\partial F(\theta)}{\partial \theta} \right|^{-1}$$

$$= \frac{|\boldsymbol{E}(\varepsilon\varepsilon')|}{\begin{vmatrix} \frac{1}{r_1}(x-x_1) & \frac{1}{r_1}(y-y_1) & \frac{1}{r_1}(z-z_1) \\ \frac{1}{r_2}(x-x_2) & \frac{1}{r_2}(y-y_2) & \frac{1}{r_2}(z-z_2) \\ \frac{1}{r_3}(x-x_3) & \frac{1}{r_3}(y-y_3) & \frac{1}{r_3}(z-z_3) \end{vmatrix}^2}$$

$$= \frac{r_1^2 r_2^2 r_3^2 |\boldsymbol{E}(\varepsilon\varepsilon')|}{\begin{vmatrix} x-x_1 & y-y_1 & z-z_1 \\ x-x_2 & y-y_2 & z-z_2 \\ x-x_3 & y-y_3 & z-z_3 \end{vmatrix}^2} \geq |\boldsymbol{E}(\varepsilon\varepsilon')|$$

最後の不等式はアダマールの定理による。等式が成り立つのは $\boldsymbol{r}_1$, $\boldsymbol{r}_2$, $\boldsymbol{r}_3$ が互に直交するときである. このときが、最良の観測点配置である。

b. 角度２点観測

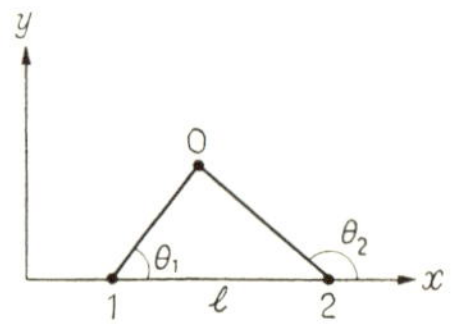

左図の如く、平面上に未知の点 $O(x, y)$ がある。直線 l 上に観測点1、2を設定し、角度 $\theta_1 \theta_2$ を測定することにより、未知の点 $O(x, y)$ の座標を決定したい。最良の観測点配置を求む。

○観測方程式

$$\theta_1 = \tan^{-1}\left(\frac{y}{x-x_1}\right) + \varepsilon_1$$

$$\theta_2 = \tan^{-1}\left(\frac{y}{x-x_2}\right) + \varepsilon_2$$

以後の計算は省略し答だけを書くと次のようになる。

答　1．観測精度を良くすること

2．直線 l をできるだけ未知の点 O に近づけること

3．点 O、1、2が正三角形をなすように、観測点1、2を配置すること。

V．謝　辞

本論文の作成に際して東京大学経済学部鈴木雪夫先生、ならびに東京工業大学藤井光昭先生に、ひとかたならぬ御指導および助言をいただきました。ここに深く感謝の意を表します。

註　東京大学理学部の岩堀長慶氏により、本論文の基本仮定1（11），2（12），3（13）のうち2（12）は不要であること、3（13）がより自然の条件に置き換えられることが指摘された。

著者略歴

木村武雄（きむら・たけお）

1944（昭和19年）戦争のさなか、神奈川県川崎市に生れる。
1945（昭和20年）空襲で家を焼かれ、母の実家に移動。
同年　軍隊より、父帰る。
1962（昭和37年）東京都立日比谷高等学校卒業
1963（昭和38年）東北大学理学部入学
1967（昭和42年）同物理学科卒業
同年　科学技術庁宇宙開発推進本部就職
人工衛星の軌道決定計算に邁進。
1969（昭和44年）航空宇宙技術研究所に移籍。
観測系の評価に関する研究に没頭。
1971（昭和46年）日本統計学会誌に、「最良の観測系について」を
投稿し、掲載される。
2000（平成12年）最適観測系理論を著わす。
2004（平成16年）宇宙航空研究開発機構（ＪＡＸＡ）を定年退職。
2018（平成30年）最適観測系理論の増補改訂版を発行。

最適観測系理論　増補改訂版

2018年９月10日　発行

著　者　木　村　武　雄
発行者　明　石　康　徳
発行所　光　陽　出　版　社
〒162-0818　東京都新宿区築地町8番地
☎03-3268-7899
印刷所　株式会社光陽メディア

ISBN978-4-87662-612-0 C0044